黄河海勃湾水利枢纽防凌安全运行

王战领　王丛发　范瑜彬　著

中国水利水电出版社
www.waterpub.com.cn
·北京·

内 容 提 要

本书全面探讨了黄河海勃湾水利枢纽在防凌方面的设计、运行与管理。

本书共 8 章，主要内容包括黄河工程与河道概况、典型年凌灾情况及成因分析、防凌调度方式的现状及存在的问题、海勃湾水利枢纽防凌作用及库容分析、海勃湾水利枢纽防凌运用分析、海勃湾水库库区及库尾冰凌分析、海勃湾水利枢纽防凌调度、海勃湾水利枢纽运行管理与减灾措施。

本书内容翔实新颖、重点突出，语言精练易懂，理论与实践相结合，既适合从事水利工程和防洪、防凌的专业人士阅读，也为相关研究人员和管理人员提供了宝贵的参考资料。

图书在版编目（CIP）数据

黄河海勃湾水利枢纽防凌安全运行 / 王战领，王丛发，范瑜彬著. -- 北京：中国水利水电出版社，2024. 12. -- ISBN 978-7-5226-3002-1

Ⅰ. TV875

中国国家版本馆 CIP 数据核字第 2024NX9529 号

策划编辑：石永峰　　责任编辑：张玉玲　　加工编辑：黄振泽　　封面设计：苏敏

书　　名	黄河海勃湾水利枢纽防凌安全运行 HUANG HE HAIBOWAN SHUILI SHUNIU FANGLING ANQUAN YUNXING
作　　者	王战领　王丛发　范瑜彬　著
出版发行	中国水利水电出版社 （北京市海淀区玉渊潭南路 1 号 D 座　100038） 网址：www.waterpub.com.cn E-mail: mchannel@263.net（答疑） 　　　　sales@mwr.gov.cn 电话：（010）68545888（营销中心）、82562819（组稿）
经　　售	北京科水图书销售有限公司 电话：（010）68545874、63202643 全国各地新华书店和相关出版物销售网点
排　　版	北京万水电子信息有限公司
印　　刷	三河市德贤弘印务有限公司
规　　格	170mm×240mm　16 开本　9.5 印张　133 千字
版　　次	2024 年 12 月第 1 版　2024 年 12 月第 1 次印刷
定　　价	59.00 元

凡购买我社图书，如有缺页、倒页、脱页的，本社营销中心负责调换

前　言

本书是作者对黄河治理与防凌安全研究的重要总结。黄河作为我国的母亲河，流域内气候多变，凌汛问题一直都是影响河道安全和周边区域居民生活的重大挑战。而海勃湾水利枢纽作为黄河中游的重要工程，承担着防洪、防凌、供水、发电等多项任务，其防凌安全问题尤为关键。

本书的作者团队由长期从事黄河流域防凌研究和工程管理的专家、学者组成，致力通过本书系统地总结海勃湾水利枢纽防凌安全的相关经验。本书汇集了丰富的实践经验和科研成果，涵盖从基础理论到具体实践的各个方面，旨在为广大水利工程从业者、科研人员和管理人员提供有价值的参考资料。

全书共 8 个章节，第 1 章重点对黄河工程与河道进行概述，提出黄河防凌的重要性。黄河凌汛对沿岸居民和其经济活动构成了长期威胁，提升防凌能力是保障人民生命财产安全的必要举措。第 2 章介绍并分析了 1993—2002 年黄河典型年凌灾情况及成因。第 3 章通过分析龙羊峡水库和刘家峡水库的防凌调度方式及存在的问题，总结了防凌调度经验。第 4 章通过概述黄河上游梯级开发规划，分析了典型年防凌库容，提出海勃湾水利枢纽的防凌作用。第 5 章通过介绍海勃湾水库的运行方式、各水平年的运用情况，海勃湾水利枢纽防凌减灾范围及减灾程度，对海勃湾水利枢纽的防凌作用进行分析。第 6 章通过介绍库区河道概况及天然河道冰情、入库冰量、水库冰塞等因素，分析了海勃湾水库库区及库尾冰凌。第 7 章介绍了海勃湾水利枢纽防凌调度情况。第 8 章介绍海渤湾水利枢纽防凌的运行管理、应急管理策略，并总结了防凌减灾措施。

本书的出版为黄河流域的防凌工作提供了新的思路和方法，推动了相关领域的持续发展与进步。感谢所有参与本书编写和出版的专家、学者及工作人员，感谢你们的智慧与辛勤付出。希望本书能在实际工作中发挥作用，助力黄河治理事业迈向新的高度。

作　者
2024 年 8 月

目　　录

第1章　黄河工程与河道概况

黄河发源于青海巴颜喀拉山北麓海拔约 4500m 的约古宗列盆地，位于北纬 32°～42°、东经 96°～119°之间，南北相差 10 个纬度，东西跨越 23 个经度，集水面积为 75.2 万 km^2，流经青海、四川、甘肃、宁夏、内蒙古、山西、陕西、河南、山东 9 个省（自治区），在山东东营垦利区注入渤海，干流河道全长 5464km，流域面积为 79.5 万 km^2，河源至河口落差为 4830m。流域内石山区占 29%、黄土和丘陵区占 46%、风沙区占 11%、平原区占 14%。

1.1　黄河上游工程概况

黄河上游地区不仅拥有丰富的水资源储备，更是生态环境的重要组成部分。随着经济的快速发展和人口的持续增长，黄河上游地区面临着水资源短缺、生态退化和环境污染等严峻挑战。开展黄河上游工程建设，旨在实现水资源的合理利用、生态环境的保护和区域经济的可持续发展。主要工程包括水库建设、河道治理、生态修复等，提升水资源的调配能力，改善水质，恢复和保护生态系统。

黄河上游工程的实施需要综合考虑生态环境保护、经济发展需求和社会效益等多方面因素。在工程规划和建设过程中，必须加强科学论证与公众参与，确保工程的可行性和可持续性。通过系统的工程措施，人们不仅能有效应对当前的水资源危机，还能够为黄河流域的长远发展奠定坚实基础。

1.1.1 水库概况

龙羊峡至青铜峡段（简称龙—青段）位于黄河上游河段的中下段，河道全长1023km，龙羊峡以上和青铜峡以上流域面积分别为13.14万km²和27.05万km²，区间自然落差为1340m，规划利用落差为1115m，水能资源蕴藏量为11330MW。黄河上游水电基地名列中国十三大水电基地规划之八，被誉为黄河上游"水能富矿"。

黄河上游已建成大型水利枢纽20余座（龙羊峡、拉西瓦、李家峡、拉西瓦、积石峡）。在梯级水库中，有较大调节能力的水库有4座（龙羊峡、刘家峡、三门峡、小浪底），总库容约304亿m³，调节库容约235亿m³，其他枢纽均为径流式电站。

1. 龙羊峡

龙羊峡水库位于青海省，上距河源1630km，集水面积为13.1万km²，多年平均天然径流量为203亿m³，占花园口天然径流量的36.3%，水库总库容为247亿m³，调节库容为193.5亿m³，总装机容量为1280MW，是黄河上唯一一座有多年调节能力的水库，同时也是黄河干流梯级的"龙头水库"，龙羊峡水库主要技术经济指标见表1-1。

表1-1 龙羊峡水库主要技术经济指标

流域面积	坝址以上流域面积131420km²	
水文特征	多年平均径流量203亿m³，多年平均输沙量0.2308亿t	
	千年设计	洪峰流量7060m³/s
		45天洪量159亿m³
	万年校核	洪峰流量10500m³/s
		45天洪量235亿m³

水库特征	设计洪水位 2602.25m，总库容 247 亿 m³，调洪库容 43 亿 m³
	汛限水位 2594m，死水位 2530m，死库容 54.3 亿 m³
坝体信息	坝型为混凝土重力坝，坝顶高程为 2610m，最大坝高为 178m，坝顶长 375m

2. 刘家峡

刘家峡水库位于甘肃省，距龙羊峡水库 340km，控制流域面积为 18.2 万 km²，坝址处多年平均天然径流量为 270 亿 m³，占花园口天然径流量的 48.2%，水库总库容为 57 亿 m³，调节库容为 41.5 亿 m³，属于不完全年调节水库，是黄河宁蒙河段防凌的主要调节水库，刘家峡水库主要技术经济指标见表 1-2。

表 1-2 刘家峡水库主要技术经济指标表

流域面积	坝址以上流域面积 181766km²	
水文特征	多年平均径流量 270 亿 m³，多年平均输沙量 0.87 亿 t	
	千年设计	洪峰流量 8720m³/s
		15 天洪量 91 亿 m³，45 天洪量 192 亿 m³
	万年校核	洪峰流量 10600m³/s
		45 天洪量 229 亿 m³
水库特征	设计洪水位 1735m，总库容 57 亿 m³，调洪库容 15.55 亿 m³	
	汛限水位 1726m，死水位 1694m，死库容 15.5 亿 m³	
坝体信息	坝型为混凝土重力坝，坝顶高程为 1739m，最大坝高为 147m，坝顶长 204m	

3. 青铜峡

青铜峡水利枢纽工程位于宁夏回族自治区黄河中游的青铜峡峡谷出口，下距银川约 80km，是一座以灌溉为主，结合发电、防凌等综合利用的枢纽工程。水电站装机容量为 272MW，承担宁夏电网 50%以上的负荷，为宁夏地区的工农业发展创造了有利条件。青铜峡水利枢纽，是开发黄河水力资源的第一期工程之一，是低水头发电站，为日调节水库，水库设计库容为 5.65 亿 m³。由于泥沙淤积，

1981 年实测库容仅 0.56 亿 m³。

4. 万家寨

万家寨水库位于黄河北干流上段托克托至龙口河段峡谷内，其左岸为山西省偏关县，右岸为内蒙古自治区准格尔旗，是黄河中游八个梯级规划开发的第一个电站，以供水、调峰、发电为主，兼有防洪、防凌等综合效益的 Ⅰ 等大（1）型水利枢纽工程，控制流域面积为 39.48 万 km²，总库容为 8.96 亿 m³，总装机容量为 1080MW，1998 年 11 月 28 日首台机组发电，2000 年年底 6 台机组全部发电。万家寨水库主要技术经济指标见表 1-3。

表 1-3　万家寨水库主要技术经济指标表

流域面积	坝址以上流域面积 394813km²	
水文特征	多年平均径流量 343 亿 m³，多年平均输沙量 1.47 亿 t	
	千年设计	洪峰流量 16500m³/s
		15 天洪量 102.08 亿 m³
	万年校核	洪峰流量 21200m³/s
		15 天洪量 125.51 亿 m³
水库特征	设计最高蓄水位 977m，总库容 8.96 亿 m³，调洪库容 3.02 亿 m³	
	汛限水位 966～961m	
坝体信息	坝型为混凝土重力坝，坝顶高程为 982m，最大坝高为 105m，坝顶长度 443m	

黄河上游流域主要水利工程的性能见表 1-4。

表 1-4　黄河上游流域主要水利工程的性能

性能	龙羊峡	李家峡	刘家峡	盐锅峡	八盘峡	大峡	青铜峡	万家寨
死水位/m	2530	2178	1696	1618	1576	1477		
正常蓄水位/m	2600	2180	1735	1619	1578	1480	1156	977
总库容/亿 m³	247	16.5	57	2.2	0.49	0.9	5.65	8.96
水库调节性能	多年	日、周	年	日	日	日	日、周	日

性能	龙羊峡	李家峡	刘家峡	盐锅峡	八盘峡	大峡	青铜峡	万家寨
保证出力/MW	589.8	581.1	489.9	204	107	143	90.9	
装机容量/MW	1280	2000	1160	396	180	300	302	1080
出力系数	8.3	8.3	8.3	7.9	8.5	8.3	8.4	8.4
平均发电量/（亿 kW·h）	59.24	59	57.6	20.06	10.46	14.56	10.51	27.5
装机年利用小时/h	4612		4812	5824	5833	4880	3824	2546
投入运行年份/年	1987	1996	1969	1969	1977	1999	1967	2000
多年平均流量/（m³/s）	650	664	877	877	1039	1040	1050	1308
控制流域面积/km²	13.14	13.67	18.18	18.3	20.47	25.40	27.50	39.5
电站设计水头/m	122	122	100	38	18	24	16	
电站最大水头/m	148.5	135.6	114	39.5	19.5	31.4	22	
最大过机流量/（m³/s）	1192	1200	1350	1400	1208	1400	1500	

1.1.2　河道内建筑物

黄河上游主要建筑物包含引水建筑物、黄河大桥和河道内其他建筑物。这些建筑物的存在不仅对区域经济发展有着重要影响，而且在防洪、灌溉和航运等方面发挥着关键作用。

1. 引水建筑物

引水建筑物主要包括沙坡头北干渠供水工程、青铜峡水利枢纽、三盛公水利枢纽工程（巴彦高勒）等建筑物。

（1）沙坡头北干渠供水工程。沙坡头北干渠供水工程是宁夏重要的水资源优化配置工程，对改善贺兰山东麓生态环境、促进特色农业发展、稳定解决银川西部工业和居民生活用水、保护银川地下水资源、推动沿黄城市带发展具有重要意义，是宁夏的重点工程建设项目。该工程由输水工程、调蓄工程两部分组成。输水工程自沙坡头水利枢纽至银川市银巴公路，全长 179km，由美利渠（34km）、跃进渠（79km）、西夏渠（66km）三段渠道组成，其中美利渠、跃进渠需扩整改造，西夏渠为新建渠道。在银川西部建西夏水库作为供水调蓄水库，总库容为 1825 万 m³，日供水量为 17 万 m³。

（2）青铜峡水利枢纽。青铜峡水利枢纽是以灌溉为主，兼有发电、防洪、防凌等效益的大型水利枢纽工程，拦河大坝为混凝土重力坝，高 42.7m，总库容为 5.65 亿 m³，装有 8 台发电机组，容量共 272MW。灌区分河西、河东两大系统，渠首引水能力共达 600m³/s。河西总干渠从坝下引水，下分西干、唐徕、惠农、汉延四大干渠。河东总干渠分高低干渠。高干渠从坝上引水，低干渠由坝下引水，下接秦渠、汉渠。秦渠因相传始凿于秦而得名，渠口在青铜峡北，引黄河水向东北流经吴忠市到灵武县。汉渠因相传始凿于汉而得名，渠口也在青铜峡北，引黄河水向东北流到巴浪湖。引水渠道控制面积近 5000km²，实灌面积为 380 万亩（1 亩≈666.67m²）。

（3）三盛公水利枢纽工程。三盛公水利枢纽工程地处内蒙古自治区巴彦淖尔市磴口县、鄂尔多斯市杭锦旗、阿拉善盟阿左旗接壤处。该枢纽是黄河干流上游建设的主要工程之一，也是全国三个特大型灌区——内蒙古河套灌区的引水龙头工程，灌溉面积达 870 万亩，是亚洲最大的平原引水灌区，也是黄河上唯一的以灌溉为主的引水大型平原闸坝工程。枢纽任务以灌溉为主。正常高水位高程为 1055m，设计洪水位高程为 1055.3m，校核洪水位高程为 1056.36m。枢纽建筑物包括拦河闸、拦河土坝、北岸进水闸、左右岸导流堤、沈乌进水闸、南岸进水闸、库区围堤。设计灌溉面积为 1513.5 万亩，渠首电站装机 4 台，总容量为 2000kW。

2. 黄河大桥

宁蒙河段内的黄河大桥主要包括叶盛黄河公路大桥、石嘴山黄河公路大桥、乌海黄河公路大桥和包头黄河铁路大桥。

（1）叶盛黄河公路大桥位于宁夏回族自治区吴忠市与灵武市之间，是宁夏回族自治区设计施工的第一座黄河公路大桥，大桥全长 452.7m，两座引道桥共长 217m，引道全长 6.5km。

（2）石嘴山黄河公路大桥位于宁夏回族自治区石嘴山市东郊渡口，是连接宁夏与内蒙古的交通枢纽。大桥全长 551.28m，桥头引道 1000m，桥面宽 12m，主桥 4 孔长 300m，孔跨度达 90m，是一座大跨度 T 形刚构桥梁。

（3）乌海黄河公路大桥位于内蒙古乌海市，是国家"七五"期间的重点建设项目。大桥主桥长 530.6m，上部结构为八孔一联预应力混凝土连续箱梁。

（4）包头黄河铁路大桥是包神铁路的咽喉。大桥全长 856m，共有 14 个墩台、13 个孔，是一座单线铁路桥。

3. 河道内其他建筑物

河道内其他建筑物包括水文站、生产堤、浮桥以及乌兰布和、乌梁素海等应急分凌工程。

1.2 黄河宁蒙河道概况

黄河上游宁蒙河段处于黄河流域的最北端。宁夏河段全长 397km，自入境站下河沿至中宁的河道流向是自西向东，中宁至石嘴山的河道流向为自西南向东北，纬度增加 2°。内蒙古河段全长 840km，自入境站石嘴山水文站至巴彦高勒仍是自西南流向东北，纬度又增加了 2°，巴彦高勒至包头的河道流向为自西向东，包头至清水河县的喇嘛湾的河道流向为自西北向东南，喇嘛湾至出境的河道流向为由北向南，从宁夏到内蒙古整个河段是一个"几"字的顶部。

宁夏河段上段黑山峡至枣园 135km 为峡谷河段，河面宽 200～300m，纵比降为 0.8‰～1.0‰；枣园以下 262km，河面宽 500～1000m，纵比降 0.1‰～0.2‰。内蒙古河段干流全长 840km，总落差 162.5m，该河段总体上是河宽坡缓，逶迤曲折，但河道纵比降呈两头大、中间小，河宽为两头小中间大（局部仍有缩窄段）。位于内蒙古河段首部的石嘴山至乌达公路桥河段是海勃湾峡谷段，平均纵比降为0.56‰，平均河宽400m，主槽宽400m。位于喇嘛湾至马栅段的河段，平均纵比降约为1.10‰，主槽宽只有200～300m。位于中部的昭君坟至头道拐的河道纵比降仅为0.09‰～0.11‰，接近黄河河口的纵比降，具有明显的下游河床特征，黄河内蒙古河段河道特性见表1-5。河段的河床从上游至下游逐渐由窄深变为宽浅，继而又变为窄深。自巴彦高勒至头道拐近500km的河道为游荡型、弯曲型，浅滩弯道迭出，主槽摆动剧烈，依靠堤防保护两岸，左、右岸堤防总长940km，按主汛期五十年一遇（局部地段三十年一遇）洪水标准设防。

表1-5 黄河内蒙古河段河道特性

河段	河型	河长/km	平均河宽/m	主槽宽/m	纵比降/‰
石嘴山—乌达公路桥	峡谷型	59	400	400	0.56
乌达公路桥—巴彦高勒	过渡型	102	1800	600	0.15
巴彦高勒—三湖河口	游荡型	221	3500	750	0.17
三湖河口—昭君坟	过渡型	126	4000	710	0.12
昭君坟—喇嘛湾	弯曲型	214	上段3000、下段2000	600	0.1
喇嘛湾—马栅	峡谷型	118	400～1000	200～300	1.1
合计		840			

在天然情况下，宁蒙河段有缓慢抬升的趋势，年均淤积厚度为0.01～0.02m，但自1986年龙羊峡水库蓄水运用以来，宁蒙河段淤积加重。1968—1986年为刘家峡水库运用时期，宁夏河道略有冲刷，内蒙古河道则是先冲后淤。1986—1991年为龙羊峡水库初期蓄水期，内蒙古河段年均淤积为0.63亿t。1991—2000年为龙羊峡水库正常运用期，龙、刘两库联合运用后，尽管上游来沙量有所减少，但由于黄河上游水沙异源，刘家峡以下的支流、孔兑、风积来沙没有明显减少，且由

于水库的调蓄，造成下河沿站汛期水量及洪峰流量减小，大大降低了汛期的输沙能力，河道持续淤积，同流量水位抬升。仅 1986—1996 年，流量为 $1000m^3/s$，巴彦高勒站的水位上升了 1.07m，三湖河口站的水位上升了 0.87m，昭君坟站的水位上升了 1.06m，三盛公水利枢纽以下局部河段河槽年均淤高 1.1m。河槽淤积致使其过流能力锐减，平滩流量已由天然情况下的 $3500\sim4000m^3/s$ 降至 $2000m^3/s$ 左右，加重了内蒙古河段的防洪、防凌负担。

1.2.1 宁蒙河段河道形态的现状分析

特殊的地理位置、河流流向及水文气象条件，决定了黄河宁蒙河段流凌、封冻时间为先下后上，解冻开河时间为先上后下，因此封冻期流量大、槽蓄水增量多。虽然凌峰流量和历时较伏汛洪水小而短，但因过水断面大部分被冰凌堵塞，凌峰水位却比伏汛同流量的相应水位高得多，故容易形成冰情灾害。

1. 河道现状

（1）河道淤积、河槽狭窄。黄河自 1986 年以来出现枯水系列，洪水峰矮、量小、挟沙能力降低致使河道淤积严重。以三湖河口站为例，该断面 2005 年汛前与 1987 年同期相比，不论是边滩还是主槽均发生严重淤积，断面形态严重变形，尤其是主槽河宽缩窄约 120m，平均淤积厚度超过 1.9m，最大淤积厚度为 5.85m。两岸边滩有局部冲刷，最大冲深为 1.5m，断面面积减少 $794m^2$，减小 27%，河槽萎缩严重。

（2）主流摆动加剧，河岸淘刷严重。由于近 20 年未出现较大洪水，中小流量历时长、流速低，导致水流漫滩机会减少、搬运能力减弱、主槽淤积增加、淤滩作用减弱，从而使得主流摆动加剧。

2. 河道形态特征

河流河道的基本形态特征通常由河流的纵断面来体现。河流的纵断面是指河底或水面高程沿河长的变化。河底高程沿河长的变化称为河槽纵断面,水面高程沿河长的变化称为水面纵断面。河槽或水面的纵向坡度变化可用纵比降表示。河槽纵比降是指河段上下游河槽上两点的高差(又称落差)与河段长度的比值。水面纵比降是指河段上下游两点同时间的水位差与河段长度的比值。黄河上游河道纵比降见表1-6。

表 1-6　黄河上游河道纵比降

指标	河段							
	贵德—兰州	兰州—下河沿	下河沿—青铜峡	青铜峡—石嘴山	石嘴山—巴彦高勒	巴彦高勒—三湖河口	三湖河口—头道拐	头道拐—府谷
距离/km	377	362	124	194	142	221	300	216
落差/m	957	256	96	48	38	34	30	195
纵比降/‰	2.54	0.71	0.77	0.25	0.27	0.15	0.1	0.91

甘肃兰州至内蒙古头道拐段的河道纵比降基本上沿水流方向呈现逐渐降低的趋势,特别是宁蒙河段纵比降较低,内蒙古河段的平均纵比降仅有0.125‰,而入山西后则再次表现出增加的态势。较低的纵比降会导致河水流速低,这将成为泥沙淤积的重要诱因,即黄河内蒙古段河道淤积与其自身的自然条件有着极其密切的关系;河道纵比降相差较大,最大的纵比降出现在贵德—兰州河段,为2.54‰;而最小纵比降出现在三湖河口—头道拐河段,仅为0.1‰。因此,黄河在不同地区呈现出冲淤交替的变化形态。

3. 河道泥沙特性

河道沉积泥沙特性指两方面:一是泥沙粒级特性,即泥沙颗粒大小;二是泥沙的粒配结构特性。根据黄河下游自2002年以来调水调沙的结果可知,河道中小于0.025mm粒径的表层沉积泥沙基本上能够起动成为悬移质,被水流携带;河床沉积物中粒径为0.05~0.1mm的粗泥沙只有部分能够起动成为悬移质,被携带至河口；粒径大于 0.1mm 的粗泥沙基本不能起动成为悬移质输出。

宁蒙河段现代河床沉积物取样分析，河床质粒分配结构普遍比黄河下游粗。主槽的中数粒径为 0.1mm 左右，而黄河下游床沙数粒径都小于 0.064mm。河床沉积物中粒径小于 0.05mm 的细泥沙，宁蒙河段平均只占有 14%，而下游则占到 41.5%。粒径大于 0.1mm 的泥沙，下游只占 20.3%，而宁蒙河段约占 42%。由此可知，在同样的来水条件下，宁蒙河段沉积泥沙被掀起成为悬移质的只有黄河下游的 1/3，而不能成为悬移质的是下游的 1 倍。

通过比较可知，在其他条件相同的情况下，宁蒙河段初期冲刷量只相当于黄河下游的 1/3 左右；随着冲刷时间的推移，河床粗化的加剧，冲刷量递减，且递减速率大于下游，河道泥沙冲刷量将会明显减少。

4. 河道形态演变影响因子分析

河床形态演变是水流与河床相互作用的结果。水流作用于河床使河床发生变化；变化的河床又反过来作用于水流，影响水流的结构，表现为泥沙的冲刷、搬移和堆积，从而导致河床形态的不断变化。在自然条件下，河床总是处在不停地变化之中，当在河床上修筑水工建筑物以后，河床的变化会受到一定程度的改变或制约。黄河河床演变剧烈而复杂，由于来水量及其过程、来沙量及其组成、河床泥沙组成的不同，河床的纵向变形常表现为强烈的冲刷和淤积，横向变形常表现为大幅度的平面摆动。

黄河上游河道依据地理特征来看，可以分为山地峡谷段和冲积平原段。磴口断面以上，除宁夏平原外的河段多位于山地峡谷段，磴口断面以下的内蒙古河段基本位于冲积平原区。山地峡谷段河床主要由基岩、卵石所组成。冲积平原段分为磴口至三湖河口段。该河段由于没有较大支流的汇入，床面物质主要为自上游携带而来的细颗粒泥沙以及风沙入黄沉降而来。巴彦高勒局部河段表现出游荡性特征，河道泥沙主要为细沙。自三湖河口断面以下至头道拐区间，大量发源于黄土高原地区的支流汇入，是该河段泥沙的主要来源，其主要由细沙和粉沙组成。

（1）自然因素。

1）气温变化的影响。在全球变暖的气候背景下，黄河流域的气候也发生了改变。气温是反映气候的一个重要指标，20世纪80年代以来，黄河流域气温明显升高，降水有所减少，水资源情势发生了变化。1961—2000年，黄河流域年平均温度升高了0.6℃，降水总体呈波动下降趋势，且20世纪90年代降水最少。进入21世纪以来，降水略有增加。宁蒙河段的水沙变化也受到气候变化的影响，气温升高导致降水减少对径流量的影响占径流量减少总量的40%。径流量的减少势必会对河道淤积状况造成影响，因此气温的变化影响不可忽略。

2）地球自转速率变化的影响。河流的流量和输沙量是河流演变的动力因素，它们与地球自转速率变化之间有着一定的相关关系。当地球自转速率发生加快或变慢的转折时，黄河流域往往出现相应的流量急剧增大或减少，年输沙量也相应急剧增大或减少。

3）降雨量。从流域自然因素来看，1950年以来，黄河上游水量的主要来源区（兰州以上流域），降雨量尽管年际变幅较大，且存在丰枯的周期性循环，但并没有发生明显的增多或减少。考虑兰州至头道拐区间的流域对黄河上游干流水量的补给只占到其总水量的1%，区间降雨量的年际变化对整个上游水量的影响不大，可以认为降雨对水沙的影响有限。头道拐断面形态调整及对水沙的响应主要受人类活动的影响，尤其是水利工程。

（2）人为因素。

1）水利工程的影响。从多年的河道变化情况来看，自然因素对河道变化的影响是有限的，而人为因素对河道变化的影响尤为明显，尤其是水利工程的影响。1990—2010年，受人类活动的影响，宁蒙河道形态发生了巨大变化，黄河水沙变化出现了一些新特点。自上游干流修建了龙羊峡、刘家峡、盐锅峡、八盘峡、青铜峡、三盛公等一系列水利枢纽并使用后，极大地改变了水库下游干流的水沙搭配情况，汛期洪峰削弱，洪水历时缩短，而相应延长了中、枯水期历时。汛期内蒙古河段的流量经常小于 $1000\text{m}^3/\text{s}$，且长时间处于 $100\sim300\text{m}^3/\text{s}$ 的流量级，致使河道淤积严重，同流量水位明显抬高。另外，内蒙古境内的季节性河流在夏季发生的高含沙洪水将挟带大量泥沙汇入黄河，在黄河干流形成沙坝，使河床明显抬高。

2）河道建筑的水沙影响。冲积性河道的河床演变主要取决于来水、来沙条件和河床边界条件。一般情况下，水沙条件的改变会引起河床的冲淤调整，而断面形态的改变反过来又会影响到河道输沙，两者相互作用、相互影响，但总有一方起决定作用。

架设浮桥、河道整治工程等也对河道及周边环境造成了一定影响。浮桥为缓解黄河两岸之间的交通压力、促进黄河两岸的经济增长起到了重要作用。然而，黄河下游河道演变规律的特殊性及浮桥本身的技术特点，使得由浮桥引起的河道险情不断发生。浮桥对桥前壅水的影响、浮桥转角对流速的影响、浮桥对水流挟沙能力的影响均能导致下游河道的改变。疏浚工程也是影响河道输沙能力的一个重要人为因素。挖除淤塞河道的砂石等淤积物，目的是把河道取直，从而改善河流的输沙能力。

1.2.2　内蒙古河段的气象特征

黄河内蒙古河段地处大陆腹部，地势较高，离海洋远，冬季暖湿气流难以到达，大部分时间被蒙古冷高压所控制。该河段气候干旱少雨，温度低且年内温差大，呈现温带大陆性气候特征。

受寒潮入侵的影响，内蒙古河段日平均气温一般在 11 月中旬开始转负，次年 3 月份气温回升，一般在 3 月上旬气温开始转正，整个冬季长 150～170 天。

内蒙古河段冬季严寒，年极端最低气温可达-36.3～-30.7℃，1 月份最冷，月平均气温在-12.8～-7.1℃。初冬春末气温降、升最为剧烈，相邻月份气温相差可达 7℃以上，增加了凌汛期预报难度。乌海站、磴口站、包头站、托克托站月、旬平均气温统计表 1-7。

表 1-7　乌海站、磴口站、包头站、托克托站月、旬平均气温统计　　单位：℃

月	旬	乌海站	磴口站	包头站	托克托站
11 月	上旬	4.7	2.2	1.1	1.9
	中旬	1.4	-1.2	-2.3	-1.7
	下旬	-1.1	-4.6	-5.9	-5.6
11 月月平均		1.7	-1.2	-2.4	-1.8
12 月	上旬	-3.7	-6.6	-8.6	-7.9
	中旬	-5.2	-9.1	-10.5	-10.5
	下旬	-5.9	-10.8	-12.2	-12.6
12 月月平均		-4.9	-8.9	-10.5	-10.4
1 月	上旬	-6.5	-10.8	-12.3	-12.6
	中旬	-7.7	-10.6	-12.6	-12.7
	下旬	-7	-11	-12.2	-13.1
1 月月平均		-7.1	-10.8	-12.4	-12.8
2 月	上旬	-4.5	-8.9	-10.4	-10.9
	中旬	-1.5	-6.7	-8.3	-8.1
	下旬	-0.4	-4.8	-5.8	-6
2 月月平均		-2.1	-6.9	-8.3	-8.5
3 月	上旬	1.1	-1.9	-2.7	-2.4
	中旬	4.6	0.9	0.2	0.3
	下旬	7.1	3.4	2.6	2.6
3 月月平均		4.3	0.9	0.1	0.2
11 月—翌年 3 月		-1.6	-4.8	-6	-6.1

内蒙古河段冬季气温在空间分布上的特点是上游段高于下游段,在同一时期,地处下游的包头站和托克托站的气温均低于上游的乌海站和磴口站的气温,如乌海、磴口、包头三站 11 月份平均气温分别为 1.7℃、-1.2℃、-2.4℃,1 月份平均气温分别为-7.1℃、-10.8℃、-12.4℃,3 月份平均气温分别为 4.3℃、0.9℃、0.1℃。正因为河段上下游的这种气温条件,致使封河时位于下游的包头附近河段首封,而后溯源向上游推进,开河时反而是自上游向下游扩展。

1.2.3 宁蒙河段的凌汛特征

宁夏河段枣园以上为峡谷河段,河窄、坡陡、流急,河道天然状况下,只有冷冬年份才能封河,称为不常封冻河段;枣园以下河宽、坡缓、流速缓、气温低,为常封冻河段。但在青铜峡和刘家峡水库相继运用后,由于冬季流量增大、水温增高,青铜峡以上不常封冻河段的范围由枣园下延到新田;青铜峡坝下 40~90km 的河段成为不常封冻河段,潘昶以下仍为常封冻河段。内蒙古河段为常封冻河段。

由于河流自较低纬度流向较高纬度,下游的气温往往比上游低,这造成冬季封河自下而上,下游昭君坟站、三湖河口站和巴彦高勒站封河时间均早于上游石嘴山站;而春季开河自上而下,上游石嘴山站先解冻,而后依次是巴彦高勒站、三湖河口站和昭君坟站。黄河宁蒙河段各水文站封、开河日期统计见表 1-8。

表 1-8 黄河宁蒙河段各水文站封、开河日期统计

项目		水文站				
		石嘴山站	巴彦高勒站	三湖河口站	昭君坟站	头道拐站
流凌日期	平均	11.28	11.25	11.17	11.18	11.18
	最早	11.8	11.8	11.4	11.8	11.6
	最迟	12.15	12.24	11.3	11.3	12.1

续表

项目		水文站				
		石嘴山站	巴彦高勒站	三湖河口站	昭君坟站	头道拐站
封河日期	平均	1.3	12.1	12.3	12.4	12.12
	最早	12.7	11.23	11.15	11.14	11.14
	最迟	2.7	12.28	12.28	12.25	1.13
开河日期	平均	3.6	3.18	3.23	3.24	3.23
	最早	2.1	3.6	3.1	3.17	3.14
	最迟	3.18	3.27	4.5	4.2	3.31

根据资料统计分析，在刘家峡水库建成前的 18 年中，年均卡冰结坝 13 座，"文开河""半文半武开河""武开河"三种开河形势各占 1/3。上游龙门羊峡、刘家峡两库的建成运用，特别是刘家峡水库凌汛期的控制运用，改变了上游的来水量，对内蒙古河段的封、开河均有不同程度的影响。据有关资料统计，在 1969—1990 年的 22 年中，平均每年结冰坝 4 座，70%的年份为"文开河"，30%的年份为"半文半武开河"，而"武开河"基本消失。但是，由于河道淤积、淘岸、弯曲的加剧，河道输冰、输水能力减弱，封河期卡冰壅水仍很严重，冰塞致灾概率增多。据有关资料统计，刘家峡水库运用前，仅有 1949 年和 1958 年封河初期发生两次冰塞壅水。而刘家峡水库运用后的 36 年中，有 14 年发生冰塞灾害，其中 20 世纪 90 年代以来就有 6 年发生了冰塞灾害，并且 1986 年以后，冰塞灾害主要发生在巴彦高勒附近及其以上河段。

1.3 本章小结

黄河上游，即从河源到内蒙古托克托县河口镇的黄河河段，位于第一阶梯（青藏高原）和第二阶梯（内蒙古高原），河段全长 3472km，落差为 3463m，流域面积为 38.6 万 km²，占全河面积的 51.30%，平均纵比降为 1‰。河段汇入的较大支流（流域面积 1000km² 以上）有 43 条，径流量占全河的 54%。兰州以上河段主要支流有白河、黑河、大夏河、洮河、湟水、大通河，形成了龙羊峡（唐乃亥）以上（黄河）、龙羊峡—刘家峡区间（洮河）、刘家峡—兰州区间（湟水）三大水系。上游河段年来沙量只占全河年来沙量的 8%，水多沙少。干流唐乃亥以上、洮河、湟水的上游河段位于海拔 3000m 以上的青藏高原东北部的边缘地带，地形复杂，地貌类型较多，有雪山、草地，人类活动较少，气候高寒阴湿，是黄河上游大洪水和径流的来源地。三大水系的下游河谷位于海拔 1000～2000m 的西北黄土高原西侧，地形破碎、土质疏松、黄土覆盖层厚、林草生长缓慢、人类活动频繁、雨量稀少植被差、水土流失严重，是黄河上游主要泥沙来源区。上游河道受阿尼玛卿山、西倾山、青海南山的控制而呈"S"形弯曲。黄河上游根据河道特性的不同，又可分为河源段、峡谷段和冲积平原三部分。

青海卡日曲—青海贵德龙羊峡以上的部分为河源段。河源段从卡日曲始，经星宿海、扎陵湖、鄂陵湖到玛多，绕过阿尼玛卿山和西倾山，穿过龙羊峡到达青海贵德。该段河流大部分流经海拔 3000m 以上的高原上，河流曲折迂回，两岸多为湖泊、沼泽、草滩，水质较清、水流稳定、产水量大。河段内有扎陵湖、鄂陵湖，两湖海拔高程都在 4260m 以上，蓄水量分别为 47 亿 m³ 和 108 亿 m³。青海玛多至甘肃玛曲区间，黄河流经巴颜喀拉山与阿尼玛卿山之间的古盆地和低山丘陵，大部河段、河谷宽阔，间或有几段峡谷。甘肃玛曲—青海贵德龙羊峡区间，黄河流经高山峡谷，水流湍急，水力资源丰富。

青海贵德龙羊峡—宁夏青铜峡区间为峡谷段，该段河道流经山地丘陵，因岩石性质的不同，形成峡谷和宽谷相间的形势：在坚硬的片麻岩、花岗岩及南山系变质岩地段形成峡谷；在疏松的砂页岩、红色岩系地段形成宽谷。该段有龙羊峡、积石峡、刘家峡、八盘峡、青铜峡等 20 个峡谷，峡谷两岸均为悬崖峭壁，河床狭窄、河道纵比降大、水流湍急。该段贵德至兰州间，是黄河三个支流集中区段之一，有洮河、湟水等重要支流汇入，使黄河水量大增。龙羊峡至宁夏下河沿的干流河段是黄河水力资源的"富矿"区，也是中国重点开发建设的水电基地之一。

宁夏青铜峡—内蒙古托克托县河口镇区间为冲积平原段。黄河出青铜峡后，沿鄂尔多斯高原的西北边界向东北方向流动，然后向东直抵河口镇。沿河所经区域大部为荒漠和荒漠草原，基本无支流注入，干流河床平缓，水流缓慢，两岸有大片冲积平原，即著名的银川平原与河套平原。

根据地理位置、气候特点及水文测站控制情况，一般也将黄河上游划分为5个区域：河源—龙羊峡区间（龙上区间）、龙羊峡—刘家峡区间（龙—刘区间）、刘家峡—兰州区间（刘—兰区间）、兰州—青铜峡区间（兰—青区间）、青铜峡—头道拐区间（宁蒙河段）。

第2章 典型年凌灾情况及成因分析

由于内蒙古河段特殊的地理位置、河道流向和气候条件,形成该河段封河自下而上、开河自上而下的规律,以及特殊的凌汛现象。

由于黄河内蒙古河段地形、河势等河道的边界条件所致,使得乌海、巴彦高勒、昭君坟等河段极易在封河期形成冰塞、开河期形成冰坝,堵塞河道冰盖下的过水断面,降低输水能力,急速壅高河道水位,甚至有时会超过主汛期堤防的设防水位,导致溃堤成灾。

本章以1990年以来内蒙古河段所发生的4次凌汛灾害的实际情况,分析说明凌汛致灾的原因。

2.1 1993—1994年凌灾情况及其成因分析

1993—1994年,黄河磴口段发生了严重的冰凌灾害,对当地的生态环境和社会经济造成了显著影响。随着冬季气温骤降,黄河磴口段出现了大规模的冰凌现象。河面上形成了厚厚的浮冰,导致河道水流受到严重阻碍。由于冰凌的堆积,黄河水位明显上升,部分低洼地区面临洪水风险,给沿岸居民的生活和生产带来了困扰。冰凌的出现使得河道的航运受到影响,船只无法通行,影响了物流和经济活动。冰凌现象对水生生态系统造成了冲击,河流的水质和生态环境受到了威胁。造成以上现象的主要原因可以归纳为以下因素。

(1)气象因素。1993—1994年冬季,气温显著下降,持续的低温天气导致河水结冰。尤其是在夜间,温度急剧降低,加剧了冰凌的形成。

（2）水文条件。该年的降水量及水流量变化影响了冰凌的形成。水位的波动和冰雪融化后水流的变化，为冰凌的堆积提供了条件。

（3）地形因素。磴口段河道的地形特点，如河宽、河道曲折等，导致水流速度降低，冰块在河道中容易堆积，形成冰凌。

2.1.1　封河情况及凌灾情况

黄河内蒙古河段 1993 年 11 月 17 日开始流凌，11 月 20 日昭君坟站首先封河，以此为界上游河段自下而上封河，11 月 24 日三湖河口断面封河，12 月 5 日巴彦高勒断面封河，12 月 18 日石嘴山断面封河。昭君坟下游河段自上而下封河，11 月 21 日头道拐断面封河，12 月 10 日准格尔旗小摊子河段封河。

当黄河封冻至巴彦高勒站附近时，磴口段（距海勃湾坝址约 90km）发生了严重的冰塞。据巴彦高勒水文站观测，1993 年 12 月 6 日 9 时 30 分，黄河磴口段水位急剧上升，三盛公闸下水位达 1054.4m，为该闸运行 32 年来的最高水位，超过了拦河闸闸下千年一遇设计水位，拦河闸下游 3.5km 处水位距堤顶仅 0.3m。导致了三盛公拦河闸闸下 3.3km 处黄河左岸南套子堤防溃决，造成严重的冰凌洪水灾害，淹没面积达 80km^2，淹没 12 个自然村，致使 13000 人被迫搬迁，造成直接经济损失约 4000 万元。

2.1.2　凌灾成因分析

1. 三盛公拦河闸下游丁坝成为壅水壅冰的卡口

三盛公拦河闸闸下岸边建有 12 座护堤丁字形坝垛，特别是闸下 3.1km 处的 3 号丁坝较长，且伸入主流。由于环流的作用，冰凌下潜非常明显，大量浮冰在丁坝头部附近容易形成漩涡下潜，使此处主河槽冰盖下的过水能力急剧减小，成为壅水、壅冰的卡口。

2. 气温变化剧烈

受西伯利亚寒流袭击，1993 年 11 月中下旬由北向南气温突降，磴口站 11 月
14 日平均气温为 6.2℃，11 月 17 日平均气温降至零下 17.3℃，气温骤降 23.5℃。
由于气温骤降，11 月 17 日开始流凌，11 月 20 日昭君坟站首先封河。

1993 年 11 月，内蒙古段气候异常，强寒潮来得早。11 月中旬黄河沿线气温较
常年偏低 2.5～3.2℃，11 月下旬较常年偏低 3.7～4.1℃。磴口站、包头站 1993 年
封河期气温统计见表 2-1。由于气温持续下降，所以黄河流凌期缩短，三湖河口站、
昭君坟站和头道拐站流凌期较常年缩短了 9～21 天，封河较常年提前了 9～21 天。
黄河内蒙古段 1993 年封河期封河情况统计见表 2-2。寒潮过后，11 月 25 日以后
气温回升，25 日和 26 日平均气温分别回升到-5.9℃和-4.8℃。黄河内蒙古段
1993 年封河期封河情况统计见表 2-3。封河速度减缓，并出现了封、开河交替的
现象，从而向下游输送了大量的冰块。

表 2-1　磴口站、包头站 1993 年封河期气温统计　　　　单位：℃

月	旬	磴口站			包头站		
		当年实测	多年平均	差值	当年实测	多年平均	差值
11 月	上旬	4.1	2.2	1.9	4.7	1.1	3.6
	中旬	-4.4	-1.2	-3.2	-4.8	-2.3	-2.5
	下旬	-8.3	-4.6	-3.7	-10	-5.9	-4.1
11 月月平均		-2.9	-1.2	-1.7	-3.4	-2.4	-1
12 月	上旬	-8	-6.6	-1.4	-8.4	-8.6	0.2

表 2-2　黄河内蒙古段 1993 年封河期封河情况统计

项目		水文站				
		石嘴山站	巴彦高勒站	三湖河口站	昭君坟站	头道拐站
流凌期天数/天	多年平均值	36	15	16	16	24
	1993 年实况	59	17	7	3	3
	距均值天数/天	23	2	-9	-13	-21

项目		水文站				
		石嘴山站	巴彦高勒站	三湖河口站	昭君坟站	头道拐站
封河日期	多年平均值	1.3	12.1	12.3	12.4	12.12
	1993 年	12.18	12.5	11.24	11.20	11.21
	距均值天数/天	-15	4	-9	-14	-21

表 2-3　1993 年封河期磴口站气温统计　　　单位：℃

日期	11.14	11.15	11.16	11.17	11.18	11.19	11.20	11.21	11.22	11.23	11.24	11.25
气温	6.2	-1.6	-11.3	-17.3	-11.7	-8.3	-12.6	-10.5	-12.3	-13.5	-10.9	-5.9
日期	11.26	11.27	11.28	11.29	11.30	12.1	12.2	12.3	12.4	12.5	12.6	12.7
气温	-4.8	-6.8	-7.3	-4.4	-7	-5.5	-9.9	-11.8	-9.8	-10	-7.7	-7.4

3. 小流量封河后遭遇大流量

受 1993 年 11 月中旬宁夏灌区引水的影响，昭君坟站 11 月 20 日封河时，流量仅 150m³/s；三湖河口 11 月 24 日封河时，流量也只有 439m³/s。而封河至三湖河口—巴彦高勒河段时，上游水库未能及时控制，并恰遇宁夏冬灌引水结束，河槽加渠道退水。石嘴山站 11 月下旬平均流量达 864m³/s，最大日平均流量达 1010m³/s。

由于气温骤降，内蒙古河段昭君坟站首封时恰逢小流量，而后封河溯源向上推进到巴彦高勒站附近时，又遇上游来水流量增大，同时气温回升，封河速度减缓，封、开河交替，冰水混流，导致三盛公闸上已封河段冰块下滑，封冻河段被推至闸下 5km 处，大量的冰块向下游输送，在闸下 3～5km 处卡冰，形成冰塞，河道水位大幅度上涨。由于黄河大堤长时间处于高水位状态，加之堤防设计标准低、堤防土质差，经过十几天的高水位浸泡，导致三盛公拦河闸闸下 3.3km 处黄河左岸南套子堤防溃决，从而造成严重的冰凌洪水灾害。

2.2 1995—1996 年凌灾情况及其成因分析

2.2.1 凌灾情况

黄河内蒙古河段 1995 年 11 月 21 日开始流凌，12 月 8 日头道拐水文站上游 1km 处首先封河，然后自下而上封河。三湖河口站、巴彦高勒站和石嘴山站分别于同年 12 月 12 日、12 月 25 日和 1996 年 1 月 17 日封河。

黄河石嘴山、巴彦高勒、三湖河口和头道拐 4 站分别于 1996 年 3 月 4 日、3 月 17 日、3 月 26 日和 3 月 29 日开河，开河流量分别为 547m³/s、730m³/s、1360m³/s 和 1950m³/s。

1996 年 3 月 5 日，乌海市黄柏茨湾（海勃湾水库库区，距海勃湾坝址约 13km）产生冰坝，冰坝长度约 7km，最高处达 4～5m，冰坝上游 5km 处的乌达铁路桥水位为 1074m，达历史最高洪水位。当天 22 时，位于乌达公路桥上游 200～800m 处黄河左岸 4 处决口被冰块冲撞，损坏堤防 1.5km，损坏房屋面积 2660m²，凌汛灾害造成的直接经济损失达 420 万元。

1996 年 3 月 25 日，三湖河口—昭君坟河段的伊盟达拉特旗乌兰乡万新林场堤防桩号 261km（距海勃湾水利枢纽坝址 348km）处出现冰坝，水位上涨迅猛。当天 20 时，水位上涨了 1.9m，超过百年一遇洪水位，致使凌水漫顶而过，造成堤防决口两处。此次凌灾造成多处耕地、草场、蔬菜育苗地、温室被淹及牲畜死亡，房屋倒塌、扬水站、扬水渠系、桥涵、机电井被毁等，共计直接经济损失 6940 万元。

2.2.2 乌海段黄柏茨湾凌灾成因分析

1. 黄柏茨湾地形狭窄

黄河在宁夏石嘴山进入内蒙古乌海境内，按河流形态可分为两段，其中上段河道穿行于贺兰山与卓子山两条平行山脉之间，断面窄深，平均河宽约 400m；而乌达公路桥下游黄柏茨湾处河宽仅 250m 左右，下段黄柏茨湾至旧磴口约 48km 的河段，断面宽浅，平均河宽约 1800m。由于黄柏茨湾河段河道弯曲、河窄、坡陡、流急，冰块容易在此河段卡堵堆积形成冰坝。

2. 气温回升较快

1996 年 3 月 1—5 日乌海市日平均气温、最高气温和最低气温变幅分别高达 8.9℃、10.9℃和 10.5℃。1996 年 3 月乌海市气温统计见表 2-4。由于温度回升较快，开河迅速，石嘴山站开河后只用一天时间就推进到乌达公路桥下游，大量岸冰脱岸顺流而下，在狭窄的黄柏茨湾卡堵堆积。

表 2-4　1996 年 3 月乌海市气温统计　　　　　　　　单位：℃

日期	日平均气温	日最高气温	日最低气温
3.1	-3.3	5.3	-11.2
3.2	-2.8	5.6	-10.2
3.3	-1.1	7.5	-9.7
3.4	5.1	12.8	-1.9
3.5	5.6	16.2	-0.7

3. 开河期上游来水流量较大

正常年份乌海段开河时上游来水流量为 $350\sim400\text{m}^3/\text{s}$，而 1995—1996 年开河期 3 月 3—5 日，石嘴山站日平均流量分别达 $554\text{m}^3/\text{s}$、$547\text{m}^3/\text{s}$ 和 $553\text{m}^3/\text{s}$，比乌海段正常年份的开河时来水流量大 $150\sim200\text{m}^3/\text{s}$。

综上所述，1996 年 3 月 5 日乌海境内的凌灾是由于气温回升较快、开河时上游来水流量较大、开河迅猛，大量岸冰脱岸顺流而下，在狭窄的黄柏茨湾发生挤压并上爬下插，形成冰坝，造成水位迅速上涨，达到历史最高水位，致使乌达公路桥上游 200～800m 处黄河左岸 4 处决口成灾。

2.2.3 达拉特旗河段受灾原因分析

1. 气温回升快

1996 年 3 月 18 日，包头市日平均气温为-5.2℃，3 月 20 日气温回升到 5.2℃。此后，气温虽下降，但除 3 月 24 日气温在零下以外，其余各日平均气温均在零度以上，随着气温的急骤回暖，开河速度加快。1996 年 3 月 18—27 日包头市气温统计表 2-5。

表 2-5　1996 年 3 月 18—27 日包头市气温统计　　　　单位：℃

日期	3.18	3.19	3.20	3.21	3.22	3.23	3.24	3.25	3.26	3.27
日平均气温	-5.2	-1.2	5.2	1.8	0.2	0.1	-1.8	0.2	1.3	3.1

2. 槽蓄水量多且集中释放

据初步估算，冰期内，内蒙古河段的槽蓄水增量约为 10.4 亿 m^3，其中，石嘴山—巴彦高勒段为 1.85 亿 m^3，巴彦高勒—三湖河口段为 2.91 亿 m^3，三湖河口—头道拐段为 5.63 亿 m^3。由于槽蓄水量多，1996 年 3 月 4 日，石嘴山站开河时，流量为 547m^3/s；3 月 17 日，巴彦高勒开河时，流量为 730m^3/s。当黄河开河进入三湖河口河段后，大量的槽蓄水量集中释放。3 月 26 日，三湖河口水文站的日平均流量为 1360m^3/s，凌峰流量达到 1490m^3/s，凌峰流量对应的水位为 1020.31m，相当于畅流期 6500m^3/s 时的水位，其超过百年一遇洪水位。

此次凌灾是由于气温回升快加上大量的槽蓄水集中释放，大量岸冰脱岸顺流而下，在伊盟达拉特旗乌兰乡万新西林场堤防 261km 处出现堆冰，水位迅速上涨，超过百年一遇洪水位，加之堤防标准低（堤防防洪标准为二十年一遇）、质量差，致使凌水漫顶而过，造成两处堤防决口。

2.3　1997—1998 年凌灾情况及其成因分析

2.3.1　凌灾情况

黄河内蒙古河段 1997 年 11 月 15 日开始流凌，11 月 17 日昭君坟站上游首次封河，11 月 25 日封河河段全部冲开，11 月 30 日昭君坟站上游再次封河，至 1998 年 1 月 10 日稳定封河。封河上界位于宁夏与内蒙古交界处麻黄沟，下界位于准格尔旗马栅，累计封河长度为 616km，槽蓄水量达 8.73 亿 m³。

封河时，由于槽蓄水量大，局部河段水位较高，巴彦高勒—三湖河口河段堤防桩号 159~208km 段（距海勃湾水库 247~296km）全线吃紧。凌汛洪水水位距堤顶仅 20cm，河滩地里居住的 20 户牧民居住地全部被淹，被迫搬迁，330 户村民被水围困，直接经济损失 200 万元。堤防一旦失守，沙日召等 3 个乡镇 2.3 万多人口、12 万亩耕地以及电力、交通等基础设施将全部毁于一旦。面对严重的险情，地方政府及时组织人员防守黄河大堤，调动 150 人、25 辆大小车辆，加高培厚防洪大堤。由于及时抢险，守住了黄河大堤、解救了被水围困群众、控制了险情发展，避免了更大凌汛灾害的发生。

黄河内蒙古河段自 1998 年 2 月 23 日解冻开河进入乌海市境内，至 3 月 13 日全部开河，历时 18 天，616km 黄河封冻河段全部开通。

开河时，由于黄河流量大、水位高，开河所到之处，河水出槽漫滩，大部分河滩地住户家中进水。1998 年 3 月 3 日，南岸杭锦旗巴拉亥镇和巴拉贡镇河滩地 140 户房屋进水，北岸磴口县渡口乡永胜村滩区 40 户房屋进水；3 月 4 日黄河开河至杭锦旗段，河水出槽漫滩，有 248 户村民房屋进水。据不完全统计，开河期沿黄河共 11 个旗县市受灾，受灾人口为 8487 人，毁坏耕地 87hm²（1hm²=0.01km²），死亡牲畜 306 头（只），损坏房屋 1708 间、堤防 152km、护岸 23 处、水闸 48 座，直接经济损失 3826 万元，其中水毁水利防洪设施 946 万元。

2.3.2 黄河两次封河的原因分析

1. 气温骤降，封河时间早，封河后气温大幅回升

受西伯利亚较强冷空气的影响，临河市 1997 年 11 月 14 日平均气温为 3.9℃，15 日平均气温降到-8℃，最低气温达-11.4℃，日平均气温下降了 11.9℃。包头市 11 月 14 日平均气温为 1.4℃，15 日和 16 日平均气温分别降到-8.7℃和-11.2℃，日平均气温下降了 12.6℃。由于气温突降，11 月 15 日黄河三湖河口—昭君坟段开始流凌，11 月 17 日昭君坟站上游 1.9km 处首先开始封河，封河时间较常年平均提前了 17 天。内蒙古河段各站流凌日期和封、开河特征值统计见表 2-6。

表 2-6 内蒙古河段各站流凌日期和封、开河特征值统计

项目		水文站				
		石嘴山站	巴彦高勒站	三湖河口站	昭君坟站	头道拐站
流凌日期	1997—1998 年实况	11.17	11.17	11.16	11.15	11.17
	多年平均值	11.28	11.25	11.17	11.18	11.18
	距均值天数/天	-11	-8	-1	-3	-1
封河日期	1997—1998 年实况	1.6	12.9	12.3	11.17	12.1
	多年平均值	1.3	12.1	12.3	12.4	12.12
	距均值天数/天	3	-1	0	-17	-2
开河日期	1997—1998 年实况	2.23	3.2	3.8	3.9	3.1
	多年平均值	3.6	3.18	3.23	3.24	3.23
	距均值天数/天	-11	-16	-15	-15	-13

2. 小流量封河，封河后又遭遇大流量

受 1997 年 11 月上中旬宁夏冬灌引水的影响，昭君坟站 11 月 17 日封河时，

流量较小，仅为240m³/s。11 月 19 日，宁夏冬灌结束，河槽加渠道退水，致使石嘴山站 11 月 18—22 日日平均流量达 748m³/s，最大流量达 810m³/s；而三湖河口站 11 月 23 日、24 日和 25 日日平均流量分别达 705m³/s、741m³/s 和 707m³/s，比封河流量的 240m³/s 高了约两倍。

综上所述，由于昭君坟站封河时，正遇宁夏冬灌引水，封河流量较小，仅为240m³/s。而后气温回升，并恰遇宁夏冬灌结束，河槽加渠道退水，致使上游来水流量急剧增加，再加上原封冻河段封冻冰层薄，25 日已封冻河段全部被冲开。受一股较强冷空气的影响，包头站 11 月 30 日的平均气温为-9.7℃，最低气温达-17℃，11 月 30 日昭君坟站上游再次封冻。

2.3.3 封河期凌灾成因分析

封河期凌灾形成原因是槽蓄水量多、封河水位高。

黄河内蒙古段自 11 月 30 日昭君坟站再次封河后，河段开始蓄水，内蒙古段最大槽蓄水量达 8.73 亿 m³，较常年偏多 30%。

以巴彦高勒—三湖河口段为例，来说明槽蓄水量多的原因。黄河内蒙古各站1997 年流量统计见表2-7，各河段流量统计见表2-8。从表中可以看出，三湖河口站自 12 月 3 日封河后，由于其封河流量较小，仅为 206m³/s。该站封河后旬平均流量减小较大，由 11 月下旬的 591m³/s 减小到 12 月上旬的 156m³/s；12 月中、下旬的旬平均流量比上旬稍有增加，分别为 185m³/s 和 192m³/s。而 12 月份巴彦高勒站来水又较大，旬平均流量为 312~462m³/s。由于本河段流入水量比流出水量多，多余的水量只能蓄在河道内，因此，从 11 月下旬到 12 月下旬，巴彦高勒—三湖河口段的槽蓄水量增加了 6.5 亿 m³。由于河道槽蓄水量多、水位高，因此造成了巴彦高勒—三湖河口段堤防桩号 159~208km 段河道滩地被淹、堤防吃紧的局面。

表 2-7　黄河内蒙古各站 1997 年流量统计　　　　　　单位：m³/s

项目			水文站			
			石嘴山站	巴彦高勒站	三湖河口站	头道拐站
实测流量	11 月	下旬	643	636	591	343
	12 月	上旬	563	462	156	309
		中旬	463	312	185	195
		下旬	436	419	192	241

表 2-8　黄河内蒙古各河段 1997 年流量统计

项目			河段		
			石嘴山—巴彦高勒段	巴彦高勒—三湖河口段	三湖河口—头道拐段
河段蓄水流量/（m³/s）	11 月	下旬	7	+45	248
	12 月	上旬	101	306	-153
		中旬	151	127	-10
		下旬	17	272	-49
河段蓄放水量/亿 m³			2.4	6.5	+0.3

2.3.4　开河期凌灾成因分析

开河期凌灾成因包括两方面：一是气温高，开河提前，开河速度快；二是河道槽蓄水量多，且集中释放。

1. 气温偏高，开河提前，开河速度快

进入 1998 年 2 月份以来，黄河沿线气温急剧回暖，旬平均气温较常年偏高2.5～8.0℃，临河站和包头站 1998 年气温统计见表 2-9。因而黄河解冻提前，石嘴山站、巴彦高勒站、三湖河口站、昭君坟站和头道拐水文站分别于 2 月 23 日、3 月 2 日、3 月 8 日、3 月 9 日和 3 月 10 日开河，较常年分别提前 11 天、16 天、

15 天、15 天和 13 天。黄河内蒙古河段于 3 月 13 日全线开通，较常年提前 14 天。

表 2-9　临河站和包头站 1998 年气温统计　　　　　单位：℃

月份	旬	临河站			包头站		
		实测值	多年平均	差值	实测值	多年平均	差值
2 月	上旬	-6.4	-8.9	2.5	-8.3	-10.4	2.1
	中旬	-0.5	-6.7	6.2	-0.3	-8.3	8
	下旬	2.3	-4.8	7.1	2.2	-5.8	8
2 月月平均		-1.5	-6.5	5	-2.5	-7.4	4.9
3 月	上旬	4	-1.9	5.9	3.6	-2.7	6.3

从表 2-8 可以看出，由于气温偏高，黄河内蒙古河段自 1998 年 2 月 23 日乌海段开河后，平均每天开河 20km，当开到巴彦高勒水文站后，开河速度加快，最多每天开河 164km；3 月 10 日黄河内蒙古段已开通到头道拐水文站，即三盛公水利枢纽拦河闸下 432km 处，平均每天开河近 50km，开河速度之快是近些年来少有的。

2. 槽蓄水量多，且集中释放

黄河内蒙古河段 1997 年封河期河道槽蓄水量较多，达 8.73 亿 m³，加上宁夏河道释放的 2 亿 m³，总水量近 11 亿 m³。由于宁夏槽蓄水量多，石嘴山站 2 月 23 日开河后，流量大幅增加。石嘴山站 23 日的日平均流量为 381m³/s，24 日、25 日和 26 日的日平均流量分别达 600m³/s、640m³/s 和 689m³/s。

由于气温回升快，黄河开河速度加快，宁夏和内蒙古河段槽蓄水量在短时间内集中释放。水量由上游向下游逐级增加，主河道水鼓冰开，岸冰部分融化，随水而下，造成了开河流量大（巴彦高勒站开河流量为 960m³/s，三湖河口站开河流量为 2000m³/s，头道拐站开河流量达 3260m³/s）、三盛公—托克托河段水位达到主汛期五十年一遇洪水的高水位局面。

2.4 2001—2002 年凌灾情况及其成因分析

2.4.1 凌灾情况

黄河三湖河口站 2001 年 11 月 25 日开始流凌，12 月 8 日封河；巴彦高勒站 12 月 13 日封河，两站间河段长 204km，6 天时间全线封冻。乌海碱柜断面于 12 月 13 日 23 时封冻，巴彦高勒站距碱柜 75km，只用了近 20 小时即全线封冻。石嘴山站于 12 月 28 日封河，石嘴山至碱柜河段长 83km，全线封冻用了 16 天。三湖河口站封河日期接近常年，巴彦高勒站、石嘴山站的封河日期均较常年提前 10 天。

2001 年 12 月 13 日 23 时，黄河封冻到乌海市碱柜上游约 4km 处时，产生冰塞。17 日凌晨，水位壅高 2m，黄河乌达铁路桥下 10km 处乌兰木头民堤溃决，造成凌汛灾害。受淹面积近 50km²，淹水深 0.5～2m，近 900 户共 4000 人受灾，直接经济损失 1.3 亿元。

2.4.2 凌灾成因分析

1. 气温变化剧烈

根据乌海站气温观测资料，日平均气温于 2002 年 11 月 24 日开始降至零下；12 月 12 日，乌海日平均气温降至-13.5℃；12 月 13 日碱柜封河，但次日气温就回升；12 月 15 日、16 日和 17 日气温分别回升到-6.1℃、-6.4℃和-6.5℃，气温回升了 7～7.4℃。2001 年 12 月乌海站日平均气温见表 2-10。由于气温较高，封河断面难以向上游推进，碱柜上游 4km 以上的河面形成夜封昼开的局面，并产生大量的冰块。

表2-10 2001年12月乌海站日平均气温   单位：℃

日期	12.12	12.13	12.14	12.15	12.16	12.17
日平均气温	-13.5	-12.4	-8.8	-6.1	-6.4	-6.5

2. 动力因素

2001年12月8日三湖河口站封河时日平均流量为550m³/s（相应上游石嘴山站来水流量为600m³/s），但次日的冰下过流能力降到260m³/s；12月10日的日平均流量只有150m³/s；12月13日巴彦高勒站和乌海碱柜封河时，三湖河口站、巴彦高勒站及石嘴山站站日平均流量分别为140m³/s、560m³/s和600m³/s。下游已封河段冰下过流能力小，上游仍大流量进入，猛增河段槽蓄量，使河段封河水位逐步提高。

海勃湾峡谷河段的河道纵比降较大（石嘴山—巴彦高勒河段的河道纵比降为0.24‰，而其中峡谷河段的河道纵比降是0.56‰），为大量冰凌在封冻断面处下潜并迅速形成冰塞创造了动力条件。大量流冰卡堵，使下游封冻河段的过流能力大为降低，12月14日巴彦高勒日平均流量降到260m³/s，15日降到220m³/s，19日只有210m³/s，而相应时日上游石嘴山站的日平均流量在540～575m³/s之间，大量来水滞蓄在海勃湾峡谷河道内，使乌达铁路桥下游河道水位壅高2m（距堤顶1.5m）。

当黄河封冻到乌海碱柜上游时，恰遇气温回升，出现了夜封昼开的现象。封河断面难以向上游推进，大量的冰块在封冻河段前沿堆积，河道槽蓄水量猛增，水位持续升高。因堤防质量较差，经受不起高水位长时间的浸泡，乌达铁路桥下游10km处，乌兰木头民堤发生管涌并溃决。

2.5 本章小结

通过对4个典型年的凌灾成因分析可知，地形河势等河道边界条件、气温条件以及上游来水条件（即动力条件）是黄河内蒙古河段凌汛致灾的 3 个主要因素。

2.5.1 地形河势条件

河道弯曲段、缩窄段、分叉段、纵比降突变段等对凌情都会有影响，这些局部的河道特征会直接影响水流形态，进而又通过水流作用影响冰凌的运动。对于顺直河段，流冰在水面上的分布比较均匀。但在弯曲河段，由于横向环流的作用，流冰沿凹岸呈带状移动；到了拐弯处，由于惯性作用流冰在弯顶部位会堆积在一起，缩窄了过水断面，使冰凌流路不畅，很容易引起堵塞封冻。对于上陡下缓的纵比降突变河段，冰凌容易下潜堵塞过水断面产生壅水。1995—1996 年开河期的冰坝和 2001—2002 年封河期的冰塞都是发生在具有这些河势条件的黄河乌海河段和昭君坟河段。1993—1994 年封河期三盛公闸下的冰塞，则是因为三盛公闸下 3.1km 处的 3 号丁坝伸入主流，由于环流的作用，冰凌下潜堵塞过水断面而产生壅水。

2.5.2 气温条件

在封河期，由于寒流过后，气温回升快、日气温变幅大，则容易出现夜封昼开的不利局面，封冻前沿也很难向上游推进，大量的冰凌在封冻前沿容易堵塞过水断面，形成冰塞壅水而致灾。如 1993 年 12 月 6 日三盛公闸下的冰塞和 2001 年 12 月 17 日乌海碱柜的冰塞。1997 年 11 月 25 日，内蒙古河段已封冻河段被全部冲开，气温回升是其中原因之一。在开河期，由于气温回升快、开河迅速，大量岸冰脱岸顺流而下，在不利的河势条件下，容易形成冰坝，导致水位壅高而致灾。如 1996 年 3 月 5 日乌海市黄柏茨湾的冰坝，1996 年 3 月 25 日伊盟达拉特旗乌兰乡的堆冰，1998 年 3 月 3 日和 4 日杭锦旗和磴口县黄河滩区的凌灾。

2.5.3 上游来水条件

1993—1994 年、1997—1998 年和 2001—2002 年均是寒流袭来，气温骤降。昭君坟—三湖河口河段首封时，正遇上游来水流量小，而后，气温又回升，封河速度减慢，甚至出现封、开河交叉出现的局面，同时又遭遇上游来水流量大。致使 1997—1998 年昭君坟站在 11 月 17 日首封时，宁夏灌区正在冬灌引水，上游来水更小，该站封河流量只有 240m³/s。而后气温回升快，在上游来水流量大的情况下，百余公里封冻河段全部被冲开，推迟在 11 月底寒流再次袭来并造成第二次封河。而 1993—1994 年昭君坟—三湖河口段首封时，上游来水稍大、气温回升较晚。当封河到三盛公拦河闸下游易发生冰凌卡堵的河段时，气温大幅度回升，封河断面难以向前推进。上游河段开封时，产生大量冰凌，在封冻断面形成冰塞。冰盖下过水能力急速减少，上游来水又变大，大量水滞蓄在河段内，使水位飙升，距堤顶只有 0.3m，堤防经受不住如此高的水位长时间浸泡而溃决致灾。

1995—1996 年黄河乌海段开河时，由于宁夏河道槽蓄水量的释放，石嘴山站的日平均流量最高达 554m³/s，加上气温回升快，加速了开河速度，大量岸冰脱岸顺流而下在黄柏茨湾产生冰坝而致灾。

另外，冰期河道的槽蓄水增量大，且集中释放，是开河期严重凌情的重要原因。小流量封河时，冰盖下输水能力小，而后上游来水量大，使得河道槽蓄水增量大。遇到开河时，气温回升快，回升幅度又大，使得开河速度迅猛，槽蓄水量集中释放，这又使下游河段流量猛增，水位飙升致灾。1995—1996 年和 1997—1998 年开河期的凌情特点均为此种类型。

第3章　防凌调度方式的现状及存在的问题

龙羊峡水库、刘家峡水库原设计都是以发电为主的水库,未考虑凌汛期宁蒙河段的防凌问题。刘家峡水库建成后,为减少宁蒙河段凌汛损失,中华人民共和国水利电力部规定:在凌汛期间,刘家峡控制下泄流量,在兰州市不超过500m³/s……关于刘家峡水库的防凌运用,国家防汛抗旱总指挥部明确规定:"在保证凌汛安全的前提下,兼顾发电调度刘家峡的下泄流量。"

《黄河刘家峡水库凌期水量调度暂行办法》(国汛〔1989〕22号)说明:"黄河凌汛是关系到上下游沿河两岸发展经济和广大人民群众生命财产安全的大事。由于造成凌汛灾害的原因比较复杂,需要通过调节水量,减轻凌汛灾害。""凌期黄河防汛总指挥部根据气象、水情、冰情等因素,在首先保证凌汛安全的前提下兼顾发电,调度刘家峡水库的下泄水量。"《黄河干流及重要支流水库、水电站防洪(凌)调度管理办法(试行)》(黄防总办〔2010〕34号)说明:"黄河防洪(凌)调度遵循电调服从水调原则,实现水沙电一体化调度和综合效益最大化。"

《黄河刘家峡水库凌期水量调度暂行办法》规定:"刘家峡水库下泄水量按旬平均流量严格控制,各日出库流量避免忽大忽小,日平均流量变幅不能超过旬平均流量的百分之十。"《黄河干流及重要支流水库、水电站防洪(凌)调度管理办法(试行)》规定:"刘家峡水库防凌调度采用月计划、旬安排,水库调度单位提前五天下达刘家峡水库防凌调度指令""水库管理单位要严格执行调度指令,控制流量平稳下泄。""水调办加强龙羊峡、刘家峡水库联合调度,为刘家峡水库防凌调度运用预留防凌库容。""凌汛期黄河上游刘家峡以下水库、水电站应按进出库平衡运用，保持河道流量平稳。""凌汛期，当库区或河道发生突发事件或重大险情需调整水库运用指标时，水库调度单位可根据情况，实施水库应急调度。"

刘家峡水库防凌调度的总原则：凌汛期控制下泄流量过程，与宁蒙河段凌汛期不同阶段的过流要求相适应，尽量避免冰塞、冰坝发生，减少宁蒙河段凌灾损失。龙羊峡水库对凌汛期下泄水量进行总量控制，并根据刘家峡水库凌汛期控泄流量和水库蓄水情况，配合防凌控泄运用。

在凌汛期的不同阶段，刘家峡水库的控制运用原则：流凌期，根据宁蒙河段引退水控制下泄流量，促使形成内蒙古河段较适宜的封河前流量。封河期，首封及封河发展阶段，控制较稳定的下泄流量，使内蒙古河段以适宜流量封河，形成较为有利的封河形势，尽量避免形成冰塞，控制槽蓄水增量；稳定封冻阶段控制下泄流量稳定，减少流量波动，避免槽蓄水增量过大。开河期，在满足供水需求的条件下，尽量减少水库下泄流量，减小凌洪流量，尽量避免形成冰坝等凌汛险情。

3.1　龙羊峡水库、刘家峡水库的防凌调度

龙羊峡水库和刘家峡水库在防凌调度中发挥了重要作用。通过科学合理的调度策略，有效降低了水库冰凌对水生态环境和周边设施的影响，保障了水资源的安全利用。在防凌调度过程中，加强了对水库冰情的监测与预警，确保能够及时掌握冰情变化。根据气象预报和水文资料，可以合理调整水位、控制水流速度，以减轻冰凌形成的风险。同时，积极与相关部门合作，制订应急预案，以应对突发情况，确保防凌工作有序进行。龙羊峡水库和刘家峡水库的防凌调度工作，充分体现了科学管理与协同配合的重要性，为保障水库安全和周边生态环境作出了积极贡献。

3.1.1 凌汛期龙羊峡水库、刘家峡水库运用情况

1. 凌汛期始末水库水位、蓄水量

凌汛期为控制出库流量，进行防凌调度，刘家峡水库凌汛前需预留一部分防凌库容。以 1989—2010 年为例，凌汛期始末龙羊峡水库、刘家峡水库水位、蓄水量情况见表 3-1。龙羊峡水库凌汛期前最高蓄水位出现在 2005 年，为 2596.76m；最低蓄水位出现在 1996 年，为 2545.7m。刘家峡水库凌汛期前最高蓄水位出现在 1989 年，为 1733.2m；最低蓄水位出现在 2002 年，为 1717.48m。

表 3-1　1989—2010 年凌汛期始末水库水位、蓄水量情况

| 项目 | 凌汛期前（10 月 31 日） | | | | 凌汛期末（3 月 31 日） | | | |
| | 龙羊峡水库 | | 刘家峡水库 | | 龙羊峡水库 | | 刘家峡水库 | |
	水位 /m	蓄水量 /亿 m³	水位 /m	蓄水量 /亿 m³	水位 /m	蓄水量 /亿 m³	水位 /m	蓄水量 /亿 m³
最大	2596.76	235	1733.2	43.4	2590.54	212	1734.62	43.8
最小	2545.7	83.7	1717.48	21.6	2532.3	57.4	1722.2	27.3
平均	2569.22	146.4	1726.24	32.1	2556.14	112.8	1731.59	38.6

凌汛期末，龙羊峡水库最低蓄水位为 2532.3m，相应蓄水量为 57.4 亿 m³；刘家峡水库最低蓄水位为 1722.2m，相应蓄水量为 27.3 亿 m³。龙羊峡水库最高蓄水位为 2590.54m（2006 年），相应蓄水量为 212 亿 m³；刘家峡最高蓄水位为 1734.62m（2004 年），相应蓄水量为 43.8 亿 m³。整个凌汛期龙羊峡水库蓄水位降低，刘家峡水库蓄水位升高。

2. 凌汛期水库入、出库流量及蓄变量

凌汛期龙羊峡入库流量 11—12 月逐步减小，1 月、2 月比较稳定，3 月逐渐增大。一般情况下，在 11 月上中旬，刘家峡水库为了满足宁蒙灌区冬灌要求，出

库流量比较大，在 11 月下旬进行流量控泄。根据 1989 年以来刘家峡水库多年平均出库流量统计，1 月上、中旬流量分别为 931m³/s 和 752m³/s；11 月下旬内蒙古河段进入流凌封河期，刘家峡水库进行控泄运用，出库流量减少到 565m³/s；之后的封河期和开河期，刘家峡水库下泄流量逐渐减少，一般在 3 月上旬刘峡水库下泄流量达到最小值；内蒙古河段一般在 3 月下旬全河段开河，刘家峡水库由于库内蓄水量较大，水库加大下泄流量发电运用，3 月下旬下泄流量多年平均为 567m³/s。

3. 凌汛期库水位过程

11 月上中旬龙羊峡水位一般变幅不大，当上游来水较多时，龙羊峡水库在凌汛期初期略有蓄水；11 月下旬—12 月底，龙羊峡水库水位缓慢下降；1—2 月上中旬水位下降较快，龙羊峡水库补水较其他月份更多；2 月中下旬后，由于刘家峡水库控制小流量，龙羊峡水库水位降幅有所减小。

凌汛期宁蒙河段的防凌和供水任务主要由刘家峡水库承担，刘家峡水库承接龙羊峡水库下泄水量，在宁蒙河段流凌后主要进行控泄运用。凌汛期刘家峡水库蓄水位一般要经历一个先下降再回升的过程。11 月上中旬，由于宁蒙灌区冬灌用水等需求，水库放水，库水位下降，在 11 月中旬末库水位一般降到最低。为了满足宁蒙河段防凌要求，水库减小下泄流量，开始蓄水。直至 2 月中下旬宁蒙河段逐步进入开河期，水库进一步压减下泄流量，水库蓄水位较快上升。3 月中下旬水位达到最高，直至宁蒙河段开河后，3 月下旬水库增加泄量，水位开始回落。

3.1.2 凌汛期不同阶段刘家峡水库、龙羊峡水库调度情况分析

1. 凌汛期不同阶段划分

凌汛期刘家峡水库的下泄流量主要根据宁蒙河段的用水和防凌需要进行控制，流凌前（11 月上中旬）泄放流量较大，以满足宁蒙河段冬灌引水；流凌封河

时（11 月中下旬—12 月上旬）流量由大到小逐步减小，对冬灌引退水进行反调节，塑造适宜的封河流量。流凌封河期水库的下泄流量大于封河期，一方面是为了推迟封河日期，另一方面是为了提高下游河段封河流量。但下游一旦封河，则下泄流量不宜过大，否则易形成冰塞。之后根据宁蒙河段流凌和封河的具体情况控制较稳定的下泄流量，直至预报进入开河关键期，刘家峡水库将进一步控制下泄流量，减小宁蒙河段开河洪峰流量。预报全部封冻河段的主流贯通时，刘家峡水库加大下泄流量兴利运用。因此，根据宁蒙河段凌情和刘家峡水库下泄流量过程中的特点，以及依据《黄河宁蒙河段防凌指挥调度管理规定（试行）》中对流凌期、封河期、开河期的定义，将刘家峡水库 11 月 1 日—翌年 3 月 31 日调度运用的时间分为流凌前（泄放较大流量）、流凌期（逐步减小流量）、封河期、开河期（压减下泄流量）和开河后（泄放较大流量）

2. 各阶段入、出库流量分析

龙羊峡入库的流量过程基本上是上游基流的退水过程，11 月 1 日—12 月上旬流量逐步减小；12 月中旬—2 月中下旬流量较为稳定，变化不大；2 月中下旬后流量逐渐增加。龙羊峡出库的流量过程在不同阶段的平均流量基本在 450～650m³/s 之间，较为稳定；在封河期前的两个阶段龙羊峡水库的泄流量一般为 500～650m³/s；封河期龙羊峡的流量基本与刘家峡一致，为 450～500m³/s；封河期后的两个阶段泄流量一般为 450～600m³/s。

刘家峡入库流量主要为龙羊峡出库流量，龙刘区间加水较少。封河期前的两个阶段刘家峡出库流量过程主要受宁蒙河段灌溉、用水和塑造较大封河流量要求，下泄较大流量以满足宁蒙河段灌溉和防凌要求。11 月上旬第一阶段，下泄流量基本在 1000m³/s 左右，然后逐渐减小。到 11 月 24 日左右，宁蒙河段进入封河期，刘家峡水库下泄流量减小到 500m³/s 左右，第二阶段平均流量在 720m³/s 左右。封河期（第三阶段），刘家峡水库下泄流量平稳并逐步减小，流量一般为 450～

$500\text{m}^3/\text{s}$。开河期（第四阶段），刘家峡水库进一步减小下泄流量至 $300\text{m}^3/\text{s}$ 左右。宁蒙河段全部开河后（第五阶段），刘家峡水库加大下泄流量至 $550\text{m}^3/\text{s}$ 左右。

3. 各阶段入、出库水量及水库蓄变量

凌汛期第一阶段龙羊峡水库入、出库水量基本平衡，刘家峡水库增泄库内蓄水；第二阶段至凌汛末，龙羊峡水库增泄库内蓄水，刘家峡水库入、出库水量基本相同；第三、四阶段（封河期至开河关键期），刘家峡水库减少下泄流量进行防凌蓄水运用，其中封河期龙羊峡水库下泄水量与刘家峡水库基本相同，开河关键期龙羊峡水库下泄水量大于刘家峡水库；第五阶段，龙羊峡水库增泄库内蓄水，刘家峡水库加大下泄流量，入、出库水量基本平衡。封河前的第一、二阶段，为满足宁蒙河段灌溉用水和有利于形成适宜的封河流量，刘家峡水库下泄库内蓄水；封河期刘家峡水库防凌运用，开河期的第四、五阶段，刘家峡水库防凌运用。

3.1.3 不同来水年份的调度特点

不同来水情况下，龙羊峡水库和刘家峡水库11月初—翌年3月末的防凌调度方式不同。丰水年水库蓄水和上游来水较多，流凌前下泄流量大，流凌期时间短，封河前刘家峡水库下泄库内蓄水约 5 亿 m^3，封河期刘家峡水库蓄水约 9 亿 m^3，开河期刘家峡水库蓄水约 5 亿 m^3，开河后下泄流量较大；平水年，封河前两个阶段刘家峡水库下泄流量较丰水年略小，封河期刘家峡水库蓄水约 7 亿 m^3，开河期刘家峡水库蓄水约 6 亿 m^3，开河后下泄流量较丰水年略小；枯水年由于水库蓄水量少、来水小，凌汛初期刘家峡水库下泄流量较小，封河前刘家峡水库下泄库内蓄水较少，封河期刘家峡水库蓄水少，开河后龙羊峡水库和刘家峡水库不加大下泄流量，封河期刘家峡水库下泄流量平稳，开河关键期最小流量在 $300\text{m}^3/\text{s}$ 左右。

从近些年龙羊峡水库和刘家峡水库联合调度情况来看，其在一定程度上减小了防凌与发电的矛盾，宁蒙河段防凌任务主要由刘家峡水库承担，当刘家峡水库库容不足时，龙羊峡水库将减小泄水。龙羊峡水库的运用主要根据刘家峡水库的下泄流量、蓄水量和电网发电情况，与刘家峡水库进行发电补偿调节。丰水年流凌期，龙羊峡水库一般不下泄库内蓄水；枯水年 11 月初—翌年 3 月末，龙羊峡水库均下泄库内蓄水。封河期，龙羊峡水库根据刘家峡水库出库流量和电网发电要求下泄流量，并控制封河期出库水量与刘家峡基本一致。综合来看，龙羊峡水库在凌汛期较有效地配合了刘家峡水库防凌运用。

3.1.4　刘家峡水库调度时机与宁蒙河段凌情对应关系分析

由于刘家峡水库出库流量至宁蒙河段的流量演进时间较长（一般小川站—头道拐河段畅流期演进时间约为 13 天，封河期演进时间约为 10 天）。目前中期气温预报和凌情特征日期的预报时间小于 10 天，这导致刘家峡水库防凌调度的时间与宁蒙河段流凌、封河、开河等凌情特征日期的时间并不一定能完全对应。

分析刘家峡控制下泄流量（以小川站表示）改变的 4 个节点时间与宁蒙河段凌情变化的主要特征时间点是否对应，以此来说明水库调度的时机是否合适。多年平均情况下，水库首凌、首封和首开节点和河道的时间基本一致，说明凌汛期水库调度与宁蒙河段凌情变化基本相应；全开的时间水库调度略为偏晚，这主要是因为以水文站全开河时间与宁蒙河段全部开河会有 4～5 天的差别，考虑这一因素后，多年平均全开的时间水库控制与河道凌情也基本相应。有些年份某个时段的历时差值较大，这是由于影响凌情的因素较多、各种因素间的相互影响复杂、刘家峡水库距离内蒙古河段较远、冰凌预报难度较大等多种因素的共同影响，具体到某一年凌汛期不同阶段的刘家峡水库控制运用时机并非最好，防凌调度还有较大的优化空间。

3.1.5　刘家峡水库调度与宁蒙河段灌溉引退水流量的相应关系分析

以小川站时间为准，大部分年份刘家峡水库从 10 月中下旬开始泄放较大流量，满足宁蒙河段引水需求。宁蒙河段中卫、青铜峡、三盛公等灌区冬灌引水后，内蒙古河段的小流量过程一般在 11 月中下旬结束，11 月下旬后受退水等因素的影响，流量将会增大，进入 12 月宁蒙灌区引退水影响减小，内蒙古河段流量基本稳定。11 月上中旬流凌前，刘家峡水库下泄较大流量满足宁蒙河段引水需求；11 月中下旬刘家峡水库下泄流量考虑宁蒙灌区引水流量减小而逐步减小，对宁蒙河段引退水进行反调节、推迟封河时间、塑造适宜的封河流量；11 月下旬基本保持较稳定的流量，这种调度方式与宁蒙河段引退水过程基本相应，使 12 月后内蒙古河段流量基本稳定。但如果强降温过程出现早，使得封河时间提前、宁蒙河段引水过程未结束，这种调度方式会形成较小流量封河，对防凌不利。

在凌汛期，加强了水库冰情监测与气象预警，及时掌握冰凌变化情况，以便于制定相应的调度策略。根据实时监测数据，科学调整水库水位，控制流量，减少冰凌的形成与聚集，降低对水库及下游河道的影响。制定了详细的应急预案，明确责任分工，确保在出现突发情况时，能够迅速响应，保障水库的安全运行。与地方政府及相关部门保持密切联系，及时共享信息，协调各方资源，形成合力，确保防凌工作的有效实施。在凌汛期结束后，针对运行情况进行总结，分析存在的问题和不足，为今后优化调度方案和提升防凌能力提供参考。

3.2　刘家峡不同出库流量对宁蒙河段流量过程的影响分析

刘家峡水库作为宁蒙河流域的重要水利工程，其出库流量对下游河段的水文过程具有显著影响。水库的调度管理不仅关系到水资源的合理利用，还直接影响到生态环境、农业灌溉以及防洪安全等多个方面。随着经济的发展和气候变化的加剧，流域内的水资源管理面临着日益复杂的挑战。因此，深入分析刘家峡水库不同出库流量对宁蒙河段流量过程的影响，对于优化水库调度、提升水资源利用效率、保障下游生态安全具有重要的理论意义和实际应用价值。

3.2.1 流凌前和流凌期不同出库流量对宁蒙河段流量过程及封河流量的影响

本小节通过对流凌前和流凌期不同出库流量对宁蒙河段流量过程及封河流量的影响、封河期不同出库流量对宁蒙河段流量和槽蓄水增量的影响、开河期不同出库流量对宁蒙河段流量的影响的介绍，分析刘家峡不同出库流量对宁蒙河段流量过程的影响。

受宁蒙灌区引退水影响，刘家峡水库以下上游各水文站之间 11 月的流量过程变化较大。一般情况下，宁夏河段引水对石嘴山流量的影响基本在 11 月中旬结束，11 月下旬受灌区退水和流量演进影响，石嘴山站流量大于下河沿站。三盛公水利枢纽的引水基本在 11 月 5 日左右结束，11 月 5 日后，巴彦高勒站与石嘴山站流量相差不大。受巴彦高勒站—三湖河口站退水影响，11 月 15 日之前，三湖河口站流量大于巴彦高勒站；11 月 15 日之后，三湖河口站流量变化主要受石嘴山站流量演进影响。

到 11 月下旬，石嘴山—头道拐河段流量主要受刘家峡水库下泄，刘家峡水库—兰州区间加水，兰州—下河沿河段和下河沿—石嘴山河段用水，下河沿—石嘴山区间灌溉退水等几种因素的影响。其中，刘家峡水库下泄流量是最主要的影响因素；刘家峡水库—兰州区间加水和兰州—下河沿河段用水影响基本可以相互抵消一部分，使得下河沿站流量比小川站流量略大。灌区退水流量的影响是另外一个稍大的影响因素。

流凌前，11 月上中旬，刘家峡水库下泄流量大，宁夏河段的引水量也较大；

刘家峡水库下泄流量小，宁夏河段相应引水量也小。刘家峡水库下泄流量不同使11月上中旬宁蒙河段的流量不同。当下泄流量大时，宁蒙河段的流量为700～900m³/s；当下泄流量一般时，宁蒙河段的流量在300～700m³/s；当下泄流量小时，宁蒙河段的流量在200～700m³/s。11月下旬，宁蒙河段的流量逐渐趋于稳定，各站间差别较小，为宁蒙河段平稳封河提供适宜的流量。当刘家峡水库下泄流量较大时，三湖河口—头道拐河段的流量基本上在600～800m³/s；当刘家峡水库下泄流量中等时，三湖河口—头道拐河段的流量在500～800m³/s；当刘家峡水库下泄流量小时，三湖河口—头道拐河段的流量在500～600m³/s。

3.2.2　封河期不同出库流量对宁蒙河段流量和槽蓄水增量的影响

宁蒙河段封河后，由于每年的气温和河道边界条件都不相同，槽蓄水增量的形成和分布情况不同，相应的宁蒙河段各水文站断面的流量过程也不同。但由于封河期刘家峡水库总体上下泄流量较为平稳，宁蒙河段均可形成较稳定的冰盖和冰下过流条件，封河期宁蒙河段各主要水文站的流量除封河初期流量波动较大外，封河几日后的流量一般较为稳定。1989—2010年的封河期，刘家峡出库平均流量与宁蒙河段主要水文站断面相应平均封河期宁蒙河段各站的平均流量和小川站平均流量呈正相关的关系，且相关系数较高，小川站下泄流量越大，宁蒙河段流量也越大。石嘴山站、巴彦高勒站与小川站的相关系数高于三湖河口站和头道拐站，这主要是由于三湖河口站、头道拐站受上游河段封、开河和槽蓄水增量变化影响，流量波动比上游两个站大。

3.2.3　开河期不同出库流量对宁蒙河段流量的影响

开河期，刘家峡水库减小下泄流量，以缓解宁蒙河段槽蓄水增量释放带来的较大流量。开河期由于河道槽蓄水增量释放，宁蒙河段的流量沿程增大。短历时凌洪，内蒙古河段槽蓄水增量释放量所占比例较高。2005 年以来，内蒙古河段槽蓄水增量释放占头道拐站洪量的比例为 60%左右。刘家峡水库对石嘴山站和巴彦高勒两站流量的影响比较大，且三湖河口站和头道拐站受河段槽蓄水增量释放的影响较大，刘家峡水库下泄流量变化对两站流量的影响比较复杂。2000 年后，开河期刘家峡水库下泄流量约 300m³/s，这基本是满足下游供水、生态需求的最小流量，刘家峡水库的出库流量已基本压减到最小，近期开河期的水库调度是较为合理的，但对整个河段开河形势的改善还存在不足，主要是刘家峡水库距离宁蒙河段（特别是内蒙古河段）比较远，控泄时机不易把握。

3.3 龙羊峡水库、刘家峡水库存在问题及积极作用

气温条件、地形河势等河道边界条件以及上游来水条件（即动力条件）是黄河内蒙古河段凌汛致灾的三个主要因素，其中上游来水条件可通过上游水库进行调节。

按照规划，在黄河上游龙羊峡—青铜峡河段的上、中、下分别布设了龙羊峡、刘家峡和大柳树三座具有较强调节能力的水库，三库进行联合调度和补偿调节，承担着黄河上游防洪、防凌、工农业用水、向下游补水和发电的综合利用任务。其中位于下游的大柳树水库承担着协调工农业用水、防洪、防凌和发电等部门对用水过程要求不一致的反调节作用。现在大柳树水利枢纽工程尚未兴建，其反调节任务暂由刘家峡水库承担，凌汛期时刘家峡水库按照宁蒙河段的防凌要求控制泄量。

目前黄河内蒙古河段尚无具有一定调节能力的水库工程，凌汛期时调控上游来水的任务只能由上游已建的龙羊峡、刘家峡两座水库联合调度来承担。

3.3.1　龙羊峡水库、刘家峡水库防凌调度的存在问题

（1）难以根据下游的凌情做到适时调度。内蒙古河段的封冻时间主要受气候条件影响，刘家峡水库坝址距内蒙古境内首封河段昭君坟水文站 1267km，凌汛期流量传播时间约 16.5 天。目前 5 天以上的中期气温预报精度不能满足防凌调度需要，水库难以根据内蒙古河段凌情变化适时有效地调节流量。在封河初期，上游较大流量尚未到达，寒流袭来，气温骤降，造成小流量封河；而后上游又来大流量，若持续低气温，河段封冻，则因冰盖下过流能力小，将增大槽蓄量；若寒流过后，气候转暖，气温回升，容易造成封河初期不稳定，产生冰滑动、卡堵壅水、破堤致灾。

（2）难以控制区间来水和宁夏灌区的引水和退水。特别是由于宁夏灌区引、退水的变化，难以与上游水库的控泄同步，常常使内蒙古河段的封、开河期上游来水流量忽大忽小，对封、开河形势极为不利。刘家峡下泄流量与石嘴山实测流量对照见表 3-2。

表 3-2　刘家峡下泄流量与石嘴山实测流量对照　　　单位：m³/s

月份	旬	刘家峡下泄流量	石嘴山实测流量	流量差值
11 月	上旬	864	439	-425
	中旬	754	541	-213
	下旬	585	801	216
11 月月平均		734	594	-140
12 月	上旬	539	710	171
	中旬	500	640	140
	下旬	484	603	119
12 月月平均		508	651	143

续表

月份	旬	刘家峡下泄流量	石嘴山实测流量	流量差值
1月	上旬	484	590	106
	中旬	479	532	53
	下旬	468	493	25
1月月平均		477	538	61
2月	上旬	454	540	86
	中旬	454	584	130
	下旬	435	572	137
2月月平均		448	565	117
3月	上旬	377	519	142
	中旬	412	492	80
	下旬	528	583	55
3月月平均		439	531	92

（3）不能控制开河期宁夏河段以及内蒙古河段内海勃湾河段槽蓄水增量的集中释放。上游河段槽蓄水增量的集中释放，加重了地处下游尚未解冻开河河段的凌情和灾害。例如，1997—1998 年，宁夏河段的槽蓄水增量约为 2 亿 m^3，石嘴山—巴彦高勒河段槽蓄水增量约为 3 亿 m^3。因开河速度快，这些槽蓄水增量集中释放，尽管与开河时间相应的刘家峡水库日平均放水流量只有 263～304m^3/s，而三湖河口站、昭君坟站的开河凌峰分别高达 2000m^3/s 和 1850m^3/s，下游河段尚未解冻开河，河段水位飙升，超过主汛期五十年一遇的洪水水位。

3.3.2 龙羊峡水库、刘家峡水库防凌调度的积极作用

黄河上游梯级水库群中，龙羊峡水库、刘家峡水库具有多年调节和年调节能力。其中，龙羊峡水库作为黄河上游"龙头水库"，雄踞黄河干流梯级之首，控制流域面积 131420km^2，占全河流域面积的 17.5%；刘家峡水库居中，也是黄河上

游主要调节水库之一。龙羊峡、刘家峡两库联合调度的新格局对沿黄流域防洪、防凌、发电、供水等多方面均产生了积极的影响。具体表现如下。

（1）龙羊峡、刘家峡两库联合调度防洪对象主要是龙羊峡水库、刘家峡水库本身及拉西瓦、尼那、李家峡、公伯峡、盐锅峡、八盘峡、大峡、青铜峡水电站及兰州市。防洪任务是在保证龙羊峡大坝安全度汛的前提下，使拉西瓦、李家峡、盐锅峡、八盘峡、大峡、青铜峡水电站和兰州市，以及在建的水电站工程在遇到不超过其各自高防洪标准的洪水时保证其防洪安全。相关研究表明龙羊峡、刘家峡两库联合调洪削减了各频率洪水洪峰流量，提高了各防护对象的防洪标准。其中，刘家峡水库由五千年一遇校核标准提高到可能最大洪水标准，兰州市防洪标准提高到百年一遇。

（2）龙羊峡、刘家峡两库联合调度有利于宁蒙河段防凌减灾，基本保证河段防凌安全。通过两水库在流凌、封河和开河期的流量控制，充分满足了整个凌汛期（11月—翌年3月）宁蒙河段控泄防凌流量的要求，防凌保证率在85%以上，显著减少了该河段凌汛灾害的发生频次，减轻了灾害的严重程度。

（3）在龙羊峡、刘家峡两库联合调度中，刘家峡作为反调节水库运行，大大增强了供水能力，使沿黄省区缺水现状得到缓解。龙羊峡、刘家峡两库联合调度相比无水库天然状态下，对沿黄各省（自治区）增加补水量27.85亿 m³ 左右，宁夏灌区灌溉保证率由33.52%提高至74.62%，内蒙古灌区灌溉保证率由31%提高至81.14%。同时，联合调度为缓解黄河下游断流作出了贡献，在20世纪90年代实施的黄河9次远距离调水过程中发挥了重要作用，对下游用水和利津断面恢复过流具有重大意义。

（4）龙羊峡、刘家峡两库蓄丰补枯作用显著，对于改善非汛期河道生态环境有一定积极作用。龙羊峡、刘家峡两库蓄水使龙—刘区间河段枯水期径流量占年径流量百分比由11%提高至23%，使下游兰州、河口镇、花园口以及利津断面非汛期水量较无水库天然状态下，分别增加了 45.91%、48.22%、18.27% 和 17.02%，为河段生态恢复提供有利径流条件。两库蓄水后，龙—刘河段基本成为清水河段，水质有所改善，通过改变中下游来水的时空分布，增加了非汛期河道来水，对于改善枯水期中下游河道水质起到了积极的作用。

（5）龙羊峡、刘家峡两库联合调度提高了黄河干流梯级电站发电效益。相关成果表明，龙羊峡、刘家峡两库联合运行提高了黄河上游径流式梯级电站的年均发电量，降低了各电站在汛期的发电量，增加了在非汛期的发电量。龙羊峡、刘家峡两库联合运行可增加发电效益 3%～5%；下游三门峡、小浪底发电量均有不同程度的增加。龙羊峡、刘家峡两库联合运行，保证了西北电网调频、调峰和电力电量平衡，增加了各已建以及待建电站的保证出力，为国家节能减排、再生和清洁能源的利用作出了巨大贡献。

龙羊峡水库和刘家峡水库在促进黄河流域经济发展、保障能源供应、防洪减灾以及改善农业灌溉方面发挥了重要作用。它们的建设和运营不仅为青海、甘肃及周边地区的社会经济发展提供了有力支持，也在一定程度上改善了当地人民的生活质量。然而，这些水库的建设和运行也带来了诸如生态环境影响、水质污染、泥沙淤积以及移民安置等问题。要在未来充分发挥其积极作用，必须针对这些问题采取有效的管理和治理措施，确保水库在可持续发展和环境保护之间实现平衡。这将有助于进一步巩固其在黄河流域的战略性作用，同时促进区域的长期可持续发展。

3.4　本章小结

（1）刘家峡水库在凌汛期的调度中，根据宁蒙河段灌溉引水、流凌、封河、开河的特点，对下泄流量进行调整，在调度中考虑了流量演进时间对宁蒙河段流量过程的影响。从 1989—2010 年凌汛期的多年平均情况看,刘家峡水库出库流量的控制时机、控制流量与宁蒙河段引退水、凌情特征时间相应关系较为一致,水库调度总体比较合理。

(2)一般情况下,11 月上旬流凌前,刘家峡水库下泄较大流量,可以满足宁蒙河段引水需求。11 月中下旬流凌封河时,刘家峡水库采用下泄流量逐步减小的运用方式能较好地对宁蒙河段引水进行反调节,有利于推迟封河时间、塑造较为合理的封河流量。封河前,刘家峡水库下泄库内蓄水 2~6 亿 m³。但如果强降温过程出现早,使得封河时间提前,宁蒙河段引水过程未结束,这种调度方式会形成小流量封河,对防凌不利。

(3)封河期刘家峡水库适度减小下泄流量,有利于减小槽蓄水增量;控制下泄流量过程平稳,以减小流量波动对防凌的不利影响;封河后刘家峡水库基本保持 500m³/s 左右的平均流量下泄,使得巴彦高勒站、三湖河口站、头道拐站的流量能够分别稳定在 550m³/s、490m³/s、420m³/s 左右。一般情况下,封河期刘家峡水库蓄水 4~10 亿 m³。

(4)开河期,刘家峡水库进一步减小流量,减小宁蒙河段凌洪流量,避免形成水鼓冰开的"武开河"形势。近期,刘家峡水库在开河期的调度时间总体较为合适,在满足供水、用水的情况下,开河关键期的流量已基本压减到最小 300m³/s 左右。一般情况下,开河期刘家峡水库蓄水 4~8 亿 m³。短历时凌洪,内蒙古河段槽蓄水增量释放量占头道拐站洪量的比例高达 70%;长历时凌洪内蒙古河段蓄水增量释放量占头道拐站洪量的比例为 43%~62%。开河期,刘家峡水库减小下泄流量能够较明显地减小石嘴山站和巴彦高勒站的流量,但三湖河口站和头道拐站受河段槽蓄水增量释放影响较大,水库下泄流量变化对两站流量的影响比较复杂。

(5)凌汛期在不同来水情况下,刘家峡水库的防凌调度方式基本一致,但不同阶段的下泄流量、水库蓄泄水量有一定差别。丰水年流凌前和开河后刘家峡水库下泄流量较大，会尽量腾出库容防凌、维持封河流量、加大流量兴利，封河期流量略大于平水年；枯水年凌汛期下泄流量较小，封河期和开河关键期的控制流量接近。丰水年封河前，刘家峡水库下洲库内蓄水多，封河期和开河期水库蓄水量大；枯水年封河前，水库下泄库内蓄水少，封河期和开河期水库蓄水量较小。

（6）凌汛期龙羊峡水库的下泄流量一般比较稳定，水库补水量占刘家峡出库水量的 50%左右。龙羊峡水库的运用主要根据刘家峡水库的下泄流量、蓄水和电网发电情况，与刘家峡水库进行发电补偿调节。流凌期，丰水年龙羊峡水库一般不下泄库内蓄水，平水年少量下泄库内蓄水，枯水年下泄库内蓄水较多；封河期，龙羊峡水库根据刘家峡水库出库流量和电网发电要求下泄流量，并控制封河期出库水量与刘家峡水库基本一致；开河期，丰水年龙羊峡水库下泄库内蓄水少于平水年，枯水年水库蓄水少，下泄水量小。

（7）由于每年凌汛期气温过程不同、刘家峡水库至宁蒙河段距离较远、气温预报和凌情预报的预见期不能完全满足水库防凌调度的需求等，部分年份刘家峡水库控制出库流量的时机和控制流量并未完全与宁蒙河段凌情的发展相吻合，水库防凌调度还有优化的空间。

（8）宁蒙河段凌汛形势受动力、热力和河道边界条件等多种因素共同影响。虽然龙羊峡水库、刘家峡水库防凌调度已尽力减小了动力条件对宁蒙河段凌情的影响，但由于宁蒙河段主河槽过流能力小、气温波动大，凌汛具有险情多发、凌灾突发、不易防守等特点，水库防凌调度并不能全部解决宁蒙河段的防凌问题。水库调度后宁蒙河段的防凌形势依然严峻，今后必须依靠建设黑山峡水库、加强堤防建设等工程措施和非工程措施综合防凌。

第4章 海勃湾水利枢纽防凌作用及库容分析

1954年编制的《黄河综合利用规划技术经济报告》中提及，在黄河上游龙羊峡至河口镇河段规划布置了19座梯级枢纽工程，其中第17级是位于内蒙古境内海勃湾河段的三道坎，其为径流式电站工程。

在水利部黄河水利委员会于1997年编制的《黄河治理开发规划纲要》（以下简称《规划纲要》）中，将黄河上游龙羊峡至河口镇河段的梯级调整为26级，第1级、第14级、第22级分别为控制性骨干工程龙羊峡、刘家峡和大柳树。该《规划纲要》还将原调蓄能力小，对宁夏灌区排水不利的原三道坎坝址下移到海勃湾，如图4-1所示，海勃湾是龙羊峡至河口镇河段梯级开发规划中的第25级。2003年水利部黄河水利委员会进一步明确该枢纽的开发目标是以内蒙古河段的防凌为主，并结合防洪、发电。

图4-1 海勃湾水利枢纽全貌

4.1 海勃湾水利枢纽的防凌作用

如前文所述，目前依靠上游龙羊峡、刘家峡两库联合调度，由刘家峡控制凌汛期泄放流量的防凌调度现状，存在着因刘家峡水库距内蒙古河段很远，难以做到适时调度，不能控制区间来水和宁夏灌区引、退水变化，不能控制宁夏河段冰期的槽蓄水增量集中释放等三个主要问题。待大柳树水利枢纽工程兴建后，龙羊峡、刘家峡、大柳树三库联合调度和补偿调节，大柳树承担反调节任务，将使黄河上游水资源得到真正意义上的优化配置，使其获得供水、发电以及上游防洪、减灾的更大效益。在凌汛期由大柳树调控下泄流量，也比现状有很大程度的改善。首先，大柳树距内蒙古昭君坟河段的距离比刘家峡与内蒙古河段的距离减少了1/3；其次，大柳树有较大的反调节库容，对凌汛期下泄流量的调控力度更大。但大柳树距离内蒙古境内的三湖河口—昭君坟河段冬季首封的河段尚有 740～860km，冰期水量的流达时间尚需 10 天左右，还不能依据 5 天以内的短期气象预报进行适时调控。同样，也不能控制区间来水和宁夏灌区引、退水的变化以及宁夏河段冰期河道槽蓄水增量的集中释放。

海勃湾水利枢纽具有得天独厚的地理位置，在内蒙古河段防凌调度方面具有上游水库不能完全替代的重要作用。首先，海勃湾水利枢纽距三湖河口—昭君坟河段仅 309～435km；其次，海勃湾水利枢纽能控制区间来水和宁夏灌区引、退水的变化以及宁夏河段冰期的槽蓄水增量。所以，有了海勃湾水利枢纽，就可以依据短期（5 天以内）气象预报，配合上游水库凌汛期的调度，更适时细致地调控下泄流量，使封、开河期进入内蒙古河段的流量适度、均匀、平稳，从而缓解凌情、减免凌灾。兴建了海勃湾水利枢纽，内蒙古河段的防凌调度才具备了较为完善的工程系统，再配合上游水库的调度运用，使得内蒙古河段的防凌调度更适时、更主动、更灵活、更有效。

4.2 海勃湾水利枢纽典型年防凌库容分析

典型年防凌库容分析是一个综合性的工作,主要是针对水库在防凌期间的蓄水和调度能力进行评估,旨在确保水库能够有效应对凌汛期间可能发生的洪水或冰凌问题,保障下游地区的安全。其涉及水库的调度设计、泥沙管理、航运调度以及防凌措施的实施效果等多个方面。

4.2.1 1993—1994 年防凌库容计算

1. 封河期防凌库容计算

黄河内蒙古河段 1993 年 11 月 20 日昭君坟首先封河,考虑 5 天的气温预报期和水量流达时间(石嘴山站到三湖河口—昭君坟河段的流达时间约为 5 天),即在 11 月 15 日海勃湾水库按 600～800m³/s 加大流量下泄,控制历时 2～4 天,水库需要提供 0.07～0.63 亿 m³ 的水量。此后,随着宁夏灌区冬灌结束,为防止后续大流量造成水鼓冰开的不利封河形势,海勃湾水库进一步按 600～800m³/s 控泄,历时 16～26 天,拦蓄水量为 0.78～4.83 亿 m³。1993—1994 年封河期海勃湾水库防凌库容汇总见表 4-1。

表 4-1 1993—1994 年封河期海勃湾水库防凌库容汇总

控泄流量 / (m³/s)	起始日期	历时天数 /天	上游来水		运行方式	防凌库容 /亿 m³
			日平均流量 / (m³/s)	时段来水量 /亿 m³		
600	11.15—11.16	2	559	0.97	水库补水	0.07
	11.17—12.12	26	815	18.31	水库蓄水	4.83
700	11.15—11.17	3	579	1.5	水库补水	0.32
	11.18—12.12	24	830	17.21	水库蓄水	2.7
800	11.15—11.18	4	620	2.14	水库补水	0.63
	11.19—12.4	16	857	11.84	水库蓄水	0.78

2. 开河期防凌库容计算

石嘴山水文站 1994 年 2 月 24 日开河至 3 月 16 日（三湖河口站开河前 5 天）
共 21 天的时间，上游来水流量在 451～626m³/s 之间，时段来水量为 9.93 亿 m³，
海勃湾水库按 300～500m³/s 的流量进行下泄，拦蓄水量为 0.93～4.48 亿 m³。
1994 年开河期海勃湾水库拦蓄水量汇总见表 4-2。

表 4-2 1994 年开河期海勃湾水库拦蓄水量汇总

控泄流量/（m³/s）	300	350	400	450	500
拦蓄水量/亿 m³	4.48	3.58	2.67	1.76	0.93

4.2.2 1995—1996 年防凌库容计算

1. 封河期防凌库容计算

黄河内蒙古河段 1995 年 12 月 8 日头道拐上游 1km 处首先封河，考虑 5 天的
气温预报期和水量流达时间，即 12 月 3 日海勃湾水库按 600～800m³/s 的流量进
行控泄，控制历时 23 天，水库需要最大提供 2.92 亿 m³ 的库容。1995—1996 年封
河期海勃湾水库防凌库容汇总见表 4-3。

表 4-3 1995—1996 年封河期海勃湾水库防凌库容汇总表

控泄流量/（m³/s）	起始日期	历时天数/天	上游来水		运行方式	防凌库容/亿 m³
			日平均流量/（m³/s）	时段来水量/亿 m³		
600	12.3—12.25	23	653	12.98	水库蓄水	1.06
700	12.3—12.10	8	716	4.95	水库蓄水	0.11
	12.11—12.25	15	620	8.03	水库补水	1.04
800	12.3—12.25	23	653	12.98	水库补水	2.92

2. 开河期防凌库容计算

石嘴山水文站 1996 年 3 月 4 日开河至 3 月 21 日（三湖河口站开河前 5 天）

共 18 天的时间，上游来水平均流量为 475m³/s，时段来水量为 7.40 亿 m³，海勃湾水库按 300~500m³/s 的流量进行下泄，拦蓄水量为 0.09~2.73 亿 m³。1996 年开河期海勃湾水库拦蓄水量汇总见表 4-4。

表 4-4　1996 年开河期海勃湾水库拦蓄水量汇总

控泄流量/（m³/s）	300	350	400	450	500
拦蓄水量/亿 m³	2.73	1.95	1.18	0.41	0.09

4.2.3　1997—1998 年防凌库容计算

1. 封河期防凌库容计算

黄河内蒙古河段 1997 年 11 月 17 日昭君坟首先封河，考虑 5 天的气温预报期和水量流达时间，即 11 月 12 日海勃湾水库按 600~800m³/s 的流量加大泄量，控制历时 5~28 天，需要 0.81~5.1 亿 m³ 的水量。此后，随着宁夏灌区冬灌结束，为防止后续大流量造成水鼓冰开的不利封河形势，海勃湾水库进一步按 600~800m³/s 的流量控泄，历时 12 天，拦蓄水量为 0.88 亿 m³。1997—1998 年封河期海勃湾水库防凌库容汇总见表 4-5。

表 4-5　1997—1998 年封河期海勃湾水库防凌库容汇总

控泄流量/（m³/s）	起始日期	历时天数/天	上游来水		运行方式	防凌库容/亿 m³
			日平均流量/（m³/s）	时段来水量/亿 m³		
600	11.12—11.16	5	414	1.8	水库补水	0.81
	11.17—11.28	12	684	7.1	水库蓄水	0.88
	11.29—12.9	11	564	5.36	水库补水	0.34
700	11.12—12.9	28	589	14.25	水库补水	2.69
800	11.12—12.9	28	589	14.25	水库补水	5.1

2. 开河期防凌库容计算

开河期间，黄河宁夏河道释放的槽蓄水量达 2 亿 m³，石嘴山水文站 1998 年 2 月 23 日开河至 3 月 4 日（三湖河口站开河前 5 天）共 10 天的时间，上游来水平均流量为 453m³/s，时段来水量为 3.91 亿 m³，海勃湾水库按 300～500m³/s 的流量控泄，拦蓄水量为 0.37～1.32 亿 m³。1998 年开河期海勃湾水库拦蓄水量汇总见表 4-6。

表 4-6 1998 年开河期海勃湾水库拦蓄水量汇总

控泄流量/（m³/s）	300	350	400	450	500
拦蓄水量/亿 m³	1.32	0.91	0.63	0.5	0.37

4.2.4 2001—2002 年防凌库容计算

1. 封河期防凌库容计算

黄河内蒙古河段 2001 年 12 月 8 日三湖河口封河，考虑 5 天的气温预报期和水量流达时间，即 12 月 3 日海勃湾水库按 600～800m³/s 的流量进行控泄，控制历时 11 天，需要 0.13～1.82 亿 m³ 的水量。2001—2002 年封河期海勃湾水库防凌库容汇总见表 4-7。

表 4-7 2001—2002 年封河期海勃湾水库防凌库容汇总

控泄流量/（m³/s）	起始日期	历时天数/天	上游来水		运行方式	防凌库容/亿 m³
			日平均流量/（m³/s）	时段来水量/亿 m³		
600	12.3—12.10	8	618	4.27	水库蓄水	0.13
	12.11—12.13	3	582	1.51	水库补水	0.05
700	12.3—12.13	11	608	5.78	水库补水	0.87
800	12.3—12.13	11	608	5.78	水库补水	1.82

2. 开河期防凌库容计算

石嘴山水文站 2002 年 2 月 13 日开河至 3 月 1 日（三湖河口站开河前 5 天）共 17 天的时间，上游来水平均流量为 405m³/s，时段来水量为 5.95 亿 m³，海勃湾水库按 300～500m³/s 的流量控泄，拦蓄水量为 0～1.54 亿 m³，2002 年开河期海勃湾水库拦蓄水量汇总见表 4-8。

表 4-8   2002 年开河期海勃湾水库拦蓄水量汇总

控泄流量/（m³/s)	300	350	400	450	500
拦蓄水量/亿 m³	1.54	0.81	0.13	0	0

3. 典型年防凌库容小结

根据 1993—1994 年、1995—1996 年、1997—1998 年和 2001—2002 年 4 个遭受较大凌灾年份的防凌库容计算结果表明：在封河期，按 700m³/s 的流量均匀控泄，需要防凌库容达 0.87～2.7 亿 m³；在开河期，按 400m³/s 的流量均匀控泄，需要防凌库容达 0.13～2.67 亿 m³。因此，封河期按 700m³/s 的流量、开河期按 400m³/s 的流量均匀控泄，需要防凌库容达 0.87～2.7 亿 m³。典型年封河期不同控制流量海勃湾水库防凌库容成果见表 4-9，典型年开河期不同控制流量海勃湾水库防凌库容成果见表 4-10。

表 4-9   典型年封河期不同控制流量海勃湾水库防凌库容成果表   单位：亿 m³

年份	控泄流量/（m³/s)				
	600	650	700	750	800
1993—1994 年	4.83	3.74	2.7	1.66	0.78
1995—1996 年	1.06	0.51	1.04	1.92	2.92
1997—1998 年	0.88	1.04	2.69	3.89	5.1
2001—2002 年	0.13	0.4	0.87	1.35	1.82

表 4-10　典型年开河期不同控制流量海勃湾水库防凌库容成果　　单位：亿 m³

年份	控泄流量/（m³/s）				
	300	350	400	450	500
1993—1994 年	4.48	3.58	2.67	1.76	0.93
1995—1996 年	2.73	1.95	1.18	0.41	0.09
1997—1998 年	1.32	0.91	0.63	0.5	0.37
2001—2002 年	1.54	0.81	0.13	0	0

4.2.5　根据长系列径流资料计算防凌库容

1. 系列选择

近年来，基于合理利用黄河水资源，保证流域内的工农业用水和下游不断流，以及内蒙古河段和下游防洪防凌的要求，由水利部黄河水利委员会对黄河水资源进行统一管理和调度。龙羊峡和刘家峡两水库全年均依据黄委会的调度要求运行。黄河内蒙古河段河床有所抬高，凌汛期主槽过流能力有所降低；此外，20 世纪 90 年代以来，内蒙古河段发生 4 次较大灾害。

为此，本小节选用石嘴山站 1990—2003 年共 13 年的实测径流资料，按凌汛期的调度原则进行调节计算，确定各年所需要的防凌库容。1990—2003 年海勃湾水库封河期控泄时间见表 4-11，1990—2003 年海勃湾水库开河期控泄时间见表 4-12。

表 4-11　1990—2003 年海勃湾水库封河期控泄时间

年份	三湖河口站封河日期	巴彦高勒站封河日期	海勃湾水库控泄时间		
			起始日期	结束日期	控泄天数/天
1990—1991 年	1990.12.1	1990.12.25	11.26	12.25	30
1991—1992 年	1991.12.12	1991.12.27	12.7	12.27	21
1992—1993 年	1992.12.19	1992.12.25	12.14	12.25	12
1993—1994 年	1993.11.24	1993.12.5	11.19	12.5	17

年份	三湖河口站封河日期	巴彦高勒站封河日期	海勃湾水库控泄时间		
			起始日期	结束日期	控泄天数/天
1994—1995 年	1994.12.17	1994.12.28	12.12	12.28	17
1995—1996 年	1995.12.12	1995.12.25	12.7	12.25	19
1996—1997 年	1996.11.28	1996.12.6	11.23	12.6	14
1997—1998 年	1997.12.3	1997.12.9	11.28	12.9	12
1998—1999 年	1998.12.14	1999.1.8	12.9	1.8	31
1999—2000 年	1999.12.18	1999.12.22	12.13	12.22	10
2000—2001 年	2000.12.3	2001.1.2	11.28	1.2	36
2001—2002 年	2001.12.8	2001.12.13	12.3	12.13	11
2002—2003 年	2002.12.10	2002.12.24	12.5	12.24	20

表 4-12 1990—2003 年海勃湾水库开河期控泄时间

年份	石嘴山站开河日期	三湖河口站开河日期	海勃湾水库控泄时间		
			起始日期	结束日期	控泄天数/天
1990—1991 年		1991.3.23	3.7	3.18	12
1991—1992 年		1992.3.23	3.10	3.18	9
1992—1993 年	1993.2.13	1993.3.20	2.13	3.15	31
1993—1994 年	1994.2.24	1994.3.21	2.24	3.16	21
1994—1995 年		1995.3.19	3.5	3.14	10
1995—1996 年	1996.3.4	1996.3.26	3.4	3.21	18
1996—1997 年	1997.2.19	1997.3.15	2.19	3.10	20
1997—1998 年	1998.2.23	1998.3.8	2.23	3.4	10
1998—1999 年	1999.2.11	1999.3.11	2.11	3.6	24
1999—2000 年	2000.2.25	2000.3.22	2.25	3.17	21
2000—2001 年		2001.3.12			
2001—2002 年	2002.2.13	2002.3.6	2.13	3.1	17
2002—2003 年	2003.2.23	2003.3.20	2.23	3.15	21

2. 调度原则

控制时段：在封河期，控泄的起始日期为三湖河口站封河的前5日，结束日期为巴彦高勒站封河日。在开河期，控泄的起始日期为石嘴山站开河日，结束日期为三湖河口站开河的前5日。在封、开河期，按流量控制标准均匀放水，避免忽大忽小。封河期按600～800m³/s流量均匀控泄，而开河期按300～500m³/s流量均匀控泄。

3. 计算方案

封河期控泄流量为600m³/s、650m³/s、700m³/s、750m³/s和800m³/s共5个方案；开河期控泄流量为300m³/s、350m³/s、400m³/s、450m³/s和500m³/s共5个方案。

4. 调节计算结果

根据1990—2003年石嘴山站实测径流系列，按照拟定的调度原则，计算得出各方案的防凌库容。

根据以上结果分析可知，防凌保证率为75%时，封河期按600～800m³/s流量均匀控泄，需要防凌库容1.36～3.54亿 m³；开河期按300～500m³/s流量均匀控泄，需要防凌库容0.63～3.49亿 m³。1990—2003年封河期海勃湾水库防凌库容成果见表4-13。1990—2003年开河期海勃湾水库防凌库容成果见表4-14。

表4-13　1990—2003年封河期海勃湾水库防凌库容成果　　单位：亿 m³

年份	控泄流量/（m³/s）				
	600	650	700	750	800
1990—1991 年	5.62	4.32	3.3	-0.25/1.80	-0.74/1.18
1991—1992 年	-0.35/1.07	-0.75/0.57	-1.21/0.12	-2	-2.9
1992—1993 年	1.36	0.84	0.32	-0.2	-0.72
1993—1994 年	3.72	2.98	2.24	1.51	0.78
1994—1995 年	3.03	2.29	1.55	0.82	0.13
1995—1996 年	1.06	-0.45/0.32	-0.95	-1.78	-2.95

续表

年度	控泄流量/（m³/s）				
	600	650	700	750	800
1996—1997 年	-1.12	-1.72	-2.33	-2.93	-3.54
1997—1998 年	-0.26	-0.74	-1.21	-1.69	-2.16
1998—1999 年	-0.3/1.07	-1.46/0.46	-1.7	-3.14	-4.48
1999—2000 年	1.07	0.63	0.25	-0.28	-0.66
2000—2001 年	-0.87/0.38	-2.03	-3.59	-5.14	-6.7
2001—2002 年	-0.17/0.12	-0.4	-0.87	-1.35	-1.82
2002—2003 年	-1.28	-2.14	-3.01	-3.87	-4.74

表 4-14　1990—2003 年开河期海勃湾水库防凌库容成果

年份	起止日期	控泄流量/（m³/s）					备注
		300	350	400	450	500	
1990—1991 年	3.7—3.18	2.64	2.12	1.6	1.08	0.56	石嘴山未封河
1991—1992 年	3.10—3.18	1.78	1.39	1	0.61	0.22	石嘴山未封河
1992—1993 年	2.13—3.15	9.37	8.03	6.7	5.36	4.02	
1993—1994 年	2.24—3.16	4.48	3.58	2.67	1.76	0.93	
1994—1995 年	3.5—3.14	2.35	1.92	1.49	1.06	0.63	
1995—1996 年	3.4—3.21	2.73	1.95	1.18	0.41	0.09	
1996—1997 年	2.19—3.10	1.59	0.73	0.09	0	0	
1997—1998 年	2.23—3.4	1.32	0.91	0.63	0.5	0.37	
1998—1999 年	2.11—3.6	3.86	2.83	1.82	0.95	0.35	
1999—2000 年	2.25—3.17	3.49	2.61	1.87	1.3	0.79	
2000—2001 年	巴彦高勒开河为 3 月 10 日，三湖河口开河期为 3 月 12 日						石嘴山未封河
2001—2002 年	2.13—3.1	1.54	0.81	0.13	0	0	
2002—2003 年	2.23—3.15	1.13	0.43	0.25	0.12	0.04	

若封河期按 700m³/s 流量均匀控泄，防凌保证率为 50%～90%时，需要防凌

库容 1.55～3.3 亿 m^3，封河期不同保证率海勃湾水库防凌库容成果见表 4-15。若开河期按 400m^3/s 流量均匀控泄，防凌保证率为 50%～90%时，需要防凌库容 1.18～2.67 亿 m^3。开河期不同保证率海勃湾水库防凌库容成果见表 4-16。因此，若封河期按 700m^3/s、开河期按 400m^3/s 流量均匀控泄，防凌保证率为 50%～90%时，需要防凌库容 1.55～3.3 亿 m^3。

表 4-15 封河期不同保证率海勃湾水库防凌库容成果 单位：亿 m^3

防凌保证率	控泄流量/（m^3/s）				
	600	650	700	750	800
防凌保证率 50%	1.07	1.46	1.55	1.78	2.16
防凌保证率 75%	1.36	2.14	2.33	2.93	3.54
防凌保证率 90%	3.72	2.98	3.3	3.87	4.74

表 4-16 开河期不同保证率海勃湾水库防凌库容成果 单位：亿 m^3

防凌保证率	控泄流量/（m^3/s）				
	300	350	400	450	500
防凌保证率 50%	2.35	1.92	1.18	0.61	0.35
防凌保证率 75%	3.49	2.61	1.82	1.08	0.63
防凌保证率 90%	4.48	3.58	2.67	1.76	0.93

4.3 本 章 小 结

根据 1990—2003 年共 13 年系列调节计算结果，封河期按 600～800m^3/s、开河期按 300～500m^3/s 流量均匀控泄，防凌保证率为 75%时，需要防凌库容为 1.36～3.54 亿 m^3。若封河期按 700m^3/s、开河期按 400m^3/s 流量均匀控泄，防凌保证率为 50%～90%时，需要防凌库容为 1.55～3.3 亿 m^3。

根据典型年的分析计算成果，封河期按 700m^3/s、开河期按 400m^3/s 流量均匀控泄，需要防凌库容为 0.87～2.7 亿 m^3。

综上所述，海勃湾水库封河期按 700m^3/s 流量均匀控泄，其流量最小不小于 600m^3/s，最大不大于 800m^3/s；开河期按 400m^3/s 流量均匀控泄，其流量在 300～500m^3/s 为宜，需要防凌库容为 1.55～3.54 亿 m^3。

第5章　海勃湾水利枢纽防凌运用分析

在 1997 年的《黄河治理开发规划纲要》中，内蒙古河段的海勃湾水利枢纽为黄河上游 26 个梯级开发中的第 25 级。

海勃湾水库位于黄河内蒙古河段入口段的海勃湾峡谷河段，上距石嘴山水文站 50km，下距已建的三盛公水利枢纽 87km，左岸为乌兰布和沙漠，右岸为内蒙古新兴工业城市乌海市海勃湾区，距市区只有 3km。根据地形条件，海勃湾正常蓄水位可达 1076m，可获原始库容 4.59 亿 m³，经初步分析计算，汛限水位为 1071.5m，死水位为 1069m，初期运行阶段可获得调节库容为 4.08 亿 m³，水库运用 10 年和 20 年时的调节库容分别为 2.39 亿 m³ 和 1.76 亿 m³。

旧磴口坝址上距石嘴山水文站 83km，距上游海勃湾坝址 33km，下距三盛公水利枢纽 54km，左岸为内蒙古自治区巴彦淖尔市，右岸为鄂尔多斯市。在此坝址筑坝建库，根据地形条件，正常蓄水位为 1072m³，原始总库容为 11.74 亿 m³，经初步分析计算，初期运用阶段可获得调节库容为 10.7 亿 m³。

5.1　海勃湾水利枢纽的运行方式

水库年度运用分为以下 4 个运行时段：7—9 月为黄河主汛期，水库以防洪排沙要求为主，结合发电运行；10—11 月上旬为调节径流蓄水发电运行期；11 月中旬—翌年 3 月为凌汛期，按防凌要求运行；4—6 月是发电运行期。

凌汛期初步拟定水库凌汛期的运用方式：在上游刘家峡水库防凌调度运用的

基础上，进一步调控上游来水：在封河期，一般按 700m³/s 流量均匀控泄，根据上游来水情况和水库蓄水情况，也可以按不小于 600m³/s、不大于 800m³/s 流量进行控泄，但年度内控泄流量标准应一致且均匀下泄，不应忽大忽小；稳封期也应根据上游来水情况，尽量保持平稳，避免大幅度忽大忽小变化；开河期按 400m³/s 流量控泄、也可以按不超过 300～500m³/s 流量控泄直到三湖河口、昭君坟河段开河。

5.2 海勃湾水利枢纽各水平年的运用情况

海勃湾水库正常蓄水位初定为 1076m，汛限水位为 1071.5m，死水位为 1069m，水库原始库容为 4.59 亿 m³，初期调节库容为 4.08 亿 m³。水库运用 5 年、10 年、15 年和 20 年的调节库容分别为 3.13 亿 m³、2.39 亿 m³、2.11 亿 m³ 和 1.76 亿 m³。

5.2.1 不同水平年控泄流量情况

根据不同水平年海勃湾水库的调节库容，得出不同水平年海勃湾水库封、开河期控泄流量。海勃湾水库不同水平年封河期控泄流量见表 5-1，海勃湾水库不同水平年开河期控泄流量见表 5-2。

表 5-1　海勃湾水库不同水平年封河期控泄流量

水平年	调节库容/亿 m³	控泄流量/（m³/s）		
		防凌保证率 50%	防凌保证率 75%	防凌保证率 90%
运行初期	4.08	600、650、700、750、800	600、650、700、750、800	600、650、700、750
运行 5 年	3.13	600、650、700、750、800	600、650、700、750	650
运行 10 年	2.39	600、650、700、750、800	600、650、700	不能满足
运行 15 年	2.11	600、650、700、750、800	600、650	不能满足
运行 20 年	1.76	600、650、700、750	600	不能满足

表 5-2　海勃湾水库不同水平年开河期控泄流量

水平年	调节库 /亿 m³	控泄流量/（m³/s）		
		防凌保证率 50%	防凌保证率 75%	防凌保证率 90%
运行初期	4.08	300、350、400、450、500	300、350、400、450、500	350、400、450、500
运行 5 年	3.13	300、350、400、450、500	350、400、450、500	400、450、500
运行 10 年	2.39	300、350、400、450、500	400、450、500	450、500
运行 15 年	2.11	350、400、450、500	400、450、500	450、500
运行 20 年	1.76	400、450、500	400、450、500	450、500

海勃湾水库运行 20 年时，封河期按 600m³/s、650m³/s、700m³/s 或 750m³/s 流量均匀控泄时，防凌保证率可达 50%；封河期按 600m³/s 流量均匀控泄时，防凌保证率可达 75%。海勃湾水库运行 20 年时，不能满足防凌保证率 90% 的要求，但其仍剩余 1.76 亿 m³ 的调节库容。如果根据当时的上游来水条件，按不小于 600m³/s、不大于 800m³/s 流量均匀调控（各年控泄流量可不相同、年度内均匀控泄），也可以达到防凌保证率 90%。

海勃湾水库运行 20 年时，开河期按 400m³/s、450m³/s 或 500m³/s 流量均匀控泄，防凌保证率可达到 75%；开河期按 450m³/s 或 500m³/s 流量进行控泄，防凌保证率可达到 90%。

5.2.2　不同水平年运用情况

根据海勃湾水库不同水平年泥沙分析计算的初步成果，以 1993—1994 年封、开河期为例，说明水库各水平年具体控制运用情况。

1. 1993—1994 年封河期

据石嘴山水文站实测资料，9 月 16 日—10 月底，日平均流量在 765～1570m³/s 之间，来水量大，水库在 10 月底能够蓄满；11 月 1—17 日水量较小，日平均流量为 447~618m³/s；11 月 18 日—12 月 10 日来水量较大，日平均流量为 762~1010m³/s。

1993 年内蒙古河段下游昭君坟于 11 月 20 日首封，上游三湖河口站和巴彦高勒站分别于 11 月 24 日和 12 月 5 日封河。

考虑到气象预报的误差，根据 11 月上半月的来水情况，可提前补水。海勃湾枢纽建成后，稳封到巴彦高勒上游磴口水文站附近，拟定 11 月 8 日—12 月 8 日共 31 天为水库调控时段，其中 11 月 8—18 日是需水库补水时段，11 月 19 日—12 月 8 日是水库控泄拦蓄多余水量的时段。1993—1994 年封河期不同水平年防凌调度情况见表 5-3。

表 5-3　1993—1994 年封河期不同水平年防凌调度

水平年	时段	来水量 /亿 m³	蓄水量 /亿 m³	补水量 /亿 m³	下泄水量 /亿 m³	控泄流量 /（m³/s）
运行初期	11.8—11.18	5.37		2.23	7.6	800
	11.19—12.8	14.55	0.73		13.82	800
运行 5 年	11.8—11.18	5.37		2.23	7.6	800
	11.19—12.8	14.55	0.73		13.82	800
运行 10 年	11.8—11.18	5.37		2.23	7.6	800
	11.19—12.8	14.55	0.73		13.82	800
运行 15 年	11.8—11.18	5.37		2.11	7.48	787
	11.19—12.8	14.55	0.95		13.59	787
运行 20 年	11.8—11.18	5.37		1.76	7.13	750
	11.19—12.8	14.55	1.59		12.96	750

注：1. 补水时间为 11 月 8—18 日共 11 天，来水流量范围为 497~618m³/s，时段平均流量为 565m³/s。

2. 蓄水时间为 11 月 19 日—12 月 8 日共 20 天，来水流量范围为 762~1010m³/s，时段平均流量为 842m³/s。

在三湖河口—巴彦高勒河段封河期间，海勃湾水库从建成到运用 10 年，都能按 800m^3/s 流量均匀控泄，运行 15 年和 20 年分别可按 787m^3/s 和 750m^3/s 流量均匀控泄。

2. 1993—1994 年开河期

1994 年 2 月 24 日石嘴山站开河，下游巴彦高勒站和三湖河口站分别于 3 月 18 日和 3 月 21 日开河，海勃湾水库从 2 月 24 日开始控泄，直到 3 月 16 日（即三湖河口开河前 5 日）。石嘴山站日平均流量为 451～626m^3/s，时段来水量为 9.93 亿 m^3，平均流量为 547m^3/s。1993—1994 年开河期不同水平年防凌调度情况见表 5-4。

表 5-4　1993—1994 年开河期不同水平年防凌调度

水平年	时段	来水量/亿 m^3	蓄水量/亿 m^3	下泄水量/亿 m^3	控泄流量/（m^3/s）
运行初期	2.24—3.16	9.93	4.08	5.85	322
运行 5 年	2.24—3.16	9.93	3.13	6.8	375
运行 10 年	2.24—3.16	9.93	2.39	7.54	415
运行 15 年	2.24—3.16	9.93	2.11	7.82	431
运行 20 年	2.24—3.16	9.93	1.76	8.17	450

注：控泄时间为 2 月 24 日—3 月 16 日共 21 天，来水流量范围为 451～626 m^3/s，时段平均来水流量为 547m^3/s。

在石嘴山—三湖河口河段开河期间，海勃湾水库从建成到运用 20 年，可按 322～450m^3/s 流量均匀控泄。

5.3　本　章　小　结

海勃湾水库位于黄河内蒙古河段的入口段，距下游的巴彦高勒和三湖河口水文站的距离分别是 87km 和 309km，枢纽建成并经合理的调度运用，将发挥两大作用。

一是配合刘家峡水库凌汛期的控制运用，更有效地调控区间来水和宁夏灌区引退水变化以及河段冰期河道的槽蓄水量，根据短期气象预报可更适时细致地调控泄放流量，使得下游河段封、开河期流量较适当、均衡，为平稳的封、开河创造更好的动力条件。

二是枢纽电站冬季放水发电，将提高下游河道的水温，借鉴上游刘家峡、盐锅峡和青铜峡等水库建成后下游河段凌情的变化情况，可预测海勃湾水库下游将有数公里，甚至数十公里的河道将成为不封和不稳定封河段，将减少三湖河口以上河段的冰量。

根据对典型年凌灾情况的分析，在海勃湾水库调节运用后，首先避免小流量封河，使河段封河期上游来水平稳，即使在巴彦高勒河段、乌海河段形成冰塞，也将大大降低河道水位壅高的程度。在现有堤防标准（或汛期设防标准）的情况下，不会发生与1993年、1995年和2001年巴彦高勒河段和乌海河段封河期相似的灾害。因河段冰量的减少，以及在河段的开河期小流量均匀下泄，将减少下泄水量1.76～4.08亿 m^3，从而可以减少开河期的动力作用，即使在昭君坟河段结成冰坝，也会大大降低冰坝规模及河段的壅水高度。开河期水位将在主汛期设防水位以下，将大大减少溃堤致灾的概率，减轻滩地的灾情。

第6章　海勃湾水库库区及库尾冰凌分析

　　海勃湾水库库区及库尾冰凌现象是水利工程管理中不可忽视的重要问题，特别是在寒冷季节，冰凌的形成和发展可能对水库的安全运行、生态环境以及下游水文过程产生深远影响。冰凌不仅会影响水库的水位调控和水流调度，还可能对水利设施造成损害，增加防洪和防凌的风险。因此，深入研究水库库区及库尾的冰凌特征，对制定有效的防凌措施和保障水库安全至关重要。

　　随着气候变化的加剧和极端天气事件的频繁发生，水库库区及库尾冰凌的形成机制和演变过程变得愈加复杂。这要求在研究中综合考虑水温、流速、降水、气温等多种因素的影响，建立系统的分析框架。本章旨在通过对水库库区及库尾冰凌现象的深入分析，揭示其形成与发展的规律，评估对水库运行的潜在影响，并为未来的水库管理和冰凌防控提供理论支持与实践指导，以确保水资源的安全高效利用和生态环境的持续健康发展。

6.1　海勃湾水利枢纽的运行方式

　　石嘴山水文站位于宁蒙交界处的宁夏一侧，其位置为东经 106°47′、北纬39°15′。海勃湾坝址位于黄河石嘴山水文站下游 50km。石嘴山水文站作为宁夏重要的水文监测站之一，其地理位置和水文特征对黄河流域的水资源管理具有重要意义。该站所处的地理位置不仅能够监测黄河流经宁夏的水文变化，还能为下游地区提供准确的水文数据，从而有效预警洪水、干旱等自然灾害。

6.1.1　库区河道概况

黄河出宁夏石嘴山市进入内蒙古境内，流向自南向北至旧磴口河段，按河流形态可分为两段。其中上段河道穿行于贺兰山与卓子山两条平行山脉之间，至乌海市乌达区三道坎坝址以下黄河下游的乌达黄河公路桥大约 33.5km，为峡谷型河流，河道纵比降约 0.56‰，断面窄深，河床比较稳定，河宽为 400～500m，局部河段有河（江）心滩出露。下段从乌达公路桥经海勃湾区至旧磴口长约 53km，为宽浅型的游荡河道，河道纵比降约 0.18‰，水头落差仅 9m，断面宽浅，平均河宽约 2000m，其中海勃湾坝址以上黄河上游的 18km 库区库面宽 2000～4000m。黄柏茨湾位于宽浅河段的入口，距坝址 15km。乌达铁路桥和九店湾位于峡谷河段内，距坝址分别为 20km 和 29km，如图 6-1 所示（图中二十、五十年是指水库运行了二十年、五十年）。

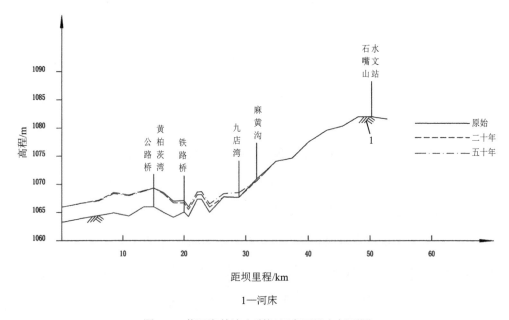

1—河床

图 6-1　黄河海勃湾水利枢纽库区纵向剖面图

6.1.2 天然河道冰情

黄河在乌海市河段基本上是南北流向，其上游宁夏河段温度高，下游内蒙古河段温度低，河道流凌封冻由内蒙古段溯源而上，解冻开河则是顺流而下。在天然情况下，内蒙古三湖河口断面的开始流凌时间平均比石嘴山断面早 11 天，封冻时间早 30 天，开河时间平均晚 17 天。

河道封冻后，开河与气温及流量有关。流量平稳时冰盖表面在正气温的作用下融化，解冻水渗入冰体，使冰体产生竖向消融，冰体的各项力学指标（如抗压、抗拉、抗弯、抗剪等）降低。冰盖下的水流在流动时对冰盖有一定的作用力，如水流对冰盖的拖拽力，以及由拖拽力产生的冰体的挤压力、剪力、弯力等。当冰体的各项力学指标降低到一定程度，以及不能承受水流施加于冰体的作用力时，冰体破碎，导致开河，这种开河形式称为"文开河"。

同样的流量，在不同的河流纵比降作用下，流速不同，水流对冰盖的作用力也有大小之别，开河时冰体的强度又有高低之分。与"武开河"比，"文开河"产生的冰块体积较小，强度较弱，极易破碎和融化，运行距离较小。如在"文开河"年份，黄河石嘴山到乌海河段，$15m^2$ 左右的冰块运行 5km 后，基本完全消融。

流量波动是发生"武开河"的决定性因素。在稳封期，冰盖有一定的厚度和强度，冰盖下有一定的过流能力，当上游来流急剧增加时，要求水位升高，抬升冰盖，以增加冰下过流面积。稳封期，两岸的冰与滩地或河岸冻结在一起，如果冰体的强度足够大，与两岸冻结得足够结实，则冰盖不能抬升，也不能破碎，这样将导致冰上过流，这种情况一般仅发生在河宽较小的河流。在黄河，河宽一般在 300m 以上的河流，其水的浮力将导致冰盖破裂，形成"武开河"。发生"武开河"时，往往气温较低，水温也不高，由于冰盖破碎而产生的冰块强度及尺寸较大，不易融化，冰块运行距离较远。但冰块在运行过程中相互撞击，体积越来越小，所以大块冰体也不会长距离输送。据有关资料记载，上游流来的冰，运行距离最远不超过 50km，而影响卡冰结坝的主要是 10～20km 范围内的滩地冰层和流凌时冻结的黑凌（即覆盖有较厚泥沙，冰质仍坚硬的冰）。随着冰水向下游运动，冲开下游的未开河段，水面上的流冰密度增加。当流冰密度达到一定程度时，遇到合适的地形就容易卡冰结坝。另一种情况是向下游运动的冰水冲不开未开河段，运动的流冰在冰盖前沿插堵形成冰坝。由"文开河"产生的冰坝冰质疏松、冰量小，壅水不高且容易溃决，造成的危害不大；由"武开河"产生的冰坝冰质坚硬、冰量大，壅水高且不容易溃决，造成的危害较大。

据观测记载，内蒙古段卡冰结坝平均每年 20 余处，最多的年份卡冰结坝 40 多处，最大的冰坝可长达数十公里，宽达河面两岸，高出水面 2.5m 以上，涨水最大的达 6m 以上。冰坝滞时一般为 15h，最长的达 2～3 天，多为涨水后被水力冲垮。

统计 1955—1983 年黄河内蒙古河段历年发生的冰坝，壅水最严重的均出现在海勃湾库区河段。1974 年 3 月 14 日，坝址以上 29km 附近的九店湾发生壅水 5～6m 的冰坝，3 月 15 日溃决。同年 3 月 15 日，乌达铁路桥与九店湾中间发生冰坝，壅水 6m 以上。1975 年 3 月 3 日，乌达铁路桥上发生壅水 6～7m 的冰坝。1977 年 3 月 14 日，坝址以上 1km 附近的三道坎发生壅水 3～4m 的冰坝。1979 年 2 月 19 日，九店湾断面又一次发生壅水 5～6m 的冰坝。冰坝的壅水高度与当时的流量和河道纵比降等因素有关。

1. 流量

1974 年 2 月，石嘴山月平均流量为 507m³/s，瞬时最大流量为 691m³/s，最小流量为 400m³/s，流量过程较平稳。进入 3 月份，流量开始增加，从 3 月 1 日的 509m³/s 增加到 3 月 10 日的 796m³/s，7 月 14 日流量已达 816m³/s。据了解，3 月上旬以后，上游青铜峡水库下泄流量较大，由 2 月 27 日的 324m³/s 连续加大到 3 月 4 日的 739m³/s，此时冰质尚硬，未有解冻迹象。3 月 13 日青铜峡水库再次下泄724m³/s流量，使石嘴山3月14日解冻开河，15日出现了凌汛洪峰为936m³/s的流量。又遇3月中旬的一次强冷空气入侵，曾出现-20℃以下的最低温度，为1950年以来同期的最低值，使冰层融化后复冻，冰质坚硬，洪峰向下水鼓冰裂，逐段卡冰结坝。3月14日九店湾堆冰结坝，高出水面3m，长7km。15日石嘴山洪峰下泄将九店湾冰堆推至乌达铁路桥上5km处，卡冰宽及两岸，冰厚3.3m，使河水猛涨5～6m。

1975年整个封冻期流量偏大，石嘴山1月平均流量为656m³/s，2月平均流量为642m³/s，3月1日流量为720m³/s，3月3日流量为929m³/s，3月4日流量为1140m³/s；同期上游的下河沿水文站1月平均流量622m³/s，2月平均流量为556m³/s，3月1日流量为707m³/s，3月3日流量为617m³/s，3月4日流量为596m³/s。从两站资料的对比分析可以看出，宁夏河段2月底—3月初处于河冰消融期，槽蓄水量的释放导致石嘴山流量增大。2月中旬后气温偏高2℃，融冰加速，加之上游来水不断增大，3月上旬气温回暖更快，与历史同期比较，温度偏高3℃以上。石嘴山3月3日解冻，开河时流量达950m³/s，凌汛洪峰达1190m³/s。开河流量大、水位高，发生水鼓冰开，逐段推进，致使乌达、海勃湾境内涨水超过4m，开河时间较前一年提前9天。另据资料介绍，3月3日乌达铁路桥上冰坝壅水6～7m。

1977年，2月中旬—3月中旬气温回升快，较常年偏高近3℃。石嘴山3月10日解冻开河，开河时流量达970m³/s，开河后流量逐趋回落，水位上涨少。上游水库从3月9日就减小了泄流，青铜峡水库从3月9—29日下泄流量均小于500m³/s，石嘴山14日后流量稳定在550m³/s左右。进入3月份，较强冷空气活动频繁，降温8～10℃的有5次，即3月3—4日、3月9—10日、3月14—15日、3月18—19日、3月21—22日。石嘴山开河后，由于强冷空气侵袭，14日开河至九店湾，流冰卡阻，持续两天未动，3月14日在海勃湾坝址以上1km左右的三道坎结成冰坝，结坝长度700m，壅水3～4m。1978年11月上、中旬气温偏高1℃

以上，下旬温度接近常年。石嘴山推迟至 1 月 22 日封冻。封冻后气温持续偏高，1 月份气温高于均值 5℃以上。石嘴山以上封冻河段短，冰层厚仅 0.2m，且封冻不实。立春后气温回升快，2 月上、中旬气温高于均值 5～6℃。石嘴山断面 2 月 10 日解冻，是解放以来最早的一次，原因是气温高，冰未冻实。此时上游水库因发电需要，加大下泄流量，2 月 3—6 日和 2 月 13—28 日刘家峡水库下泄流量大于 700m³/s，兰州站日平均流量在 700m³/s 以上，青铜峡水库下泄流量为 744m³/s，最大达 850m³/s，两因素综合使开河时间提前。石嘴山 2 月 19 日洪峰流量为 910m³/s，由于流量大、水位高，水将冰盖冲开，同日在九店湾卡冰结坝，冰块高出水面 2～3m，卡冰长 2～3km，河水上涨 5～6m，持续 3 天后被水流冲开。

从上面介绍的四次卡冰结坝情况看，1977 年的卡冰结坝属气温作用，其余三次都是流量增加较快，在冰层尚坚硬的情况下发生水鼓冰开，具有"武开河"的特征。这三次中，两次是由于上游水库突然加大泄量造成，一次是由河道冰层融化、槽蓄水量释放造成。

2. 纵比降

黄河内蒙古河段 1951—1983 年发生了 116 次有记载的冰坝，其中海勃湾水库库区发生了 11 次。从冰坝壅水高度看，除海勃湾水库库区外，冰坝壅水超过 3m 的很少，而海勃湾水库库区发生的冰坝，壅水超过 3m 的有 5 次。石嘴山—乌达公路桥河段长 33.5km，平均纵比降 0.6‰；其中的石嘴山—九店湾河段，长 21.4km，平均河床纵比降 0.8‰。将冰坝壅水高度与河流纵比降对比分析，可以发现，河流纵比降与冰坝壅水高度具有密切的关系，河流纵比降大，形成冰坝后的壅水高度也大。

6.2 入库冰量

入库冰量包括流凌封河期的入库冰花量和开河期的入库冰块量。入库冰量的变化受多种因素影响，如气温波动、水文条件及上游来水等。在石嘴山水文站的监测中发现，封河期的入库冰花量主要由气温迅速下降导致河面结冰所致。在此期间，流凌汇聚在水库附近，逐渐形成稳定的冰层。开河期则由于气温回升，冰层开始融化，冰块随水流进入库区。因此，石嘴山水文站每年的入库冰量呈现明显的季节性差异。结合石嘴山水文站多年的监测数据，可以发现入库冰量在不同年份间也存在显著差异。这种差异的主要原因是气候变化和人类活动的影响。特别是近些年来，随着全球气候变暖，冬季气温波动加剧，使得封河期和开河期的时间点有所提前或延后，直接影响了入库冰量的变化趋势。此外，石嘴山水文站的地理位置也对入库冰量有重要影响。作为黄河上游的一个重要水文站，石嘴山水文站所处的河段水流较为湍急，冰花和冰块在流动过程中容易受到河道弯曲、地形变化等因素的影响，导致其入库量发生变化。例如，在河道弯曲处，冰块容易聚集，形成较大的冰坝，从而影响下游的入库冰量。同时，水库的调节功能也在一定程度上缓解了冰凌对下游河道的冲击，保证了河道的通畅和水库的安全运行。最后，水文站的监测和预警系统在应对冰凌灾害时发挥了重要作用。通过对入库冰量的实时监测和数据分析，水文站能够及时预警，采取有效措施减少冰凌对水库和下游地区的影响。这些措施包括加强河道疏浚、合理调控水库水位、提高防洪抗灾能力等。

6.2.1 入库冰花量

统计分析石嘴山站 1971—2003 年流凌期流量过程，确定计算所用的流凌期平均流量为 600m³/s，据相关资料得相应的河宽为 258m，断面平均流速为 1.41m/s，由流速分布公式确定水面流速为 1.55m/s，计算出的冰花流量为 24m³/s。

一般情况下，从有冰花流动的第一天起，到持续无冰花流动的上一天为流凌期，这期间河面上并不是每天均有冰花输送。如 1979—1980 年，流凌期长 58 天，据资料记载，其中的实际流凌天数仅有 20 天。

在目前掌握的资料中，1980—1990 年有流凌期天数和实际流凌天数，其中流凌期平均为 36.25 天，最长为 58 天；1990—2003 年有流凌期天数，无实际流凌天数，其中流凌期平均为 38.5 天，最长为 59 天，二者情况比较接近。据统计1980—1990 年实际流凌天数平均为 15.91 天，与该系列流凌期平均天数的比值为0.439，故 1990—2003 年各年实际流凌天数可由 1990—2003 年流凌期平均天数乘以这个比值近似确定。

统计得到 1980—2003 年流凌期实际流凌天数，并按前述得到的冰花流量计算冰花量，1980—2003 年流凌期实际流凌天数最大为 25.9 天，相应冰花量为 0.537亿 m^3，平均实际流凌天数为 16.4 天，相应的冰花量为 0.34 亿 m^3。如冰花厚度取0.2m，流凌密度取 0.3，冰花密实体折算系数取 0.5，由此计算出的冰花流量为12m^3/s，各年流凌天数与上同，计算出的多年平均冰花量为 0.17 亿 m^3，年最大冰花量 0.268 亿 m^3。入库冰花量计算成果见表 6-1。

表 6-1　入库冰花量计算成果

年份	流凌期/天	实际流凌天数/天	冰花量/亿 m^3
1979—1980 年	58	20	0.415
1980—1981 年	50	22	0.456
1981—1982 年	32	14	0.290
1982—1983 年	35	21	0.435
1983—1984 年	12	6	0.124
1984—1985 年	19	10	0.207
1985—1986 年	未封河	21	0.435
1986—1987 年	37	8	0.166
1987—1988 年	47	11	0.228
1988—1989 年	未封河	19	0.394

续表

年份	流凌期/天	实际流凌天数/天	冰花量/亿 m^3
1989—1990 年	未封河	23	0.477
1990—1991 年	未封河		
1991—1992 年	未封河		
1992—1993 年	41	18	0.373
1993—1994 年	59	25.9	0.537
1994—1995 年	36	15.8	0.328
1995—1996 年	34	14.9	0.309
1996—1997 年	40	17.6	0.364
1997—1998 年	50	21.9	0.455
1998—1999 年	40	17.6	0.364
1999—2000 年	38	16.7	0.346
2000—2001 年	未封河		
2001—2002 年	23	10.1	0.209
2002—2003 年	24	10.5	0.218
1980—1990 年平均	36.25	15.91	0.33
1990—2003 年平均	38.5	16.9	0.35
总平均	37.5	16.4	0.34

6.2.2 入库冰块量

入库冰块量指封河期存在于河道中的冰层开河后随水流进入水库中的冰块量。河道中的冰层开河后成为冰块，在随水流向下游的过程中，冰块间相互碰撞，体积逐渐减小。而冰在水中的融化速度与其体积成反比，即体积越小，融化速度越快。另外，冰的融化速度还与水温、气温和冰质有关。河道"文开河"时，水温、气温均较高，冰质比较疏松，冰块容易破碎，融化速度快。据乌海市防汛抗旱指挥部人员现场观测，当发生"文开河"时，黄河乌海段 15m^2 左右的冰块运行

5km 即可消融完毕。河道"武开河"分两种情况，一种是气温升高过快，河道中的槽蓄水量集中释放，导致下游河道流量急剧增加，在下游不具备开河条件的情况下形成"武开河"。这种开河形成的冰块冰质较坚硬，但上游下来的水体温度较高，冰块较容易融化。另一种是上游水利枢纽突然释放大流量，由这种情况形成的"武开河"气温、水温均较低，冰块坚硬，不易融化。水库上游的河道储冰量与冰期流量和气温有关。冰期流量大，水位高；河道中水面面积大，储冰量多。气温低，冰层厚，储冰量也多。

1979—2003 年石嘴山站实测最大冰厚统计见表 6-2。25 年中，石嘴山水文站封河 11 年，未封河 14 年。在封河的 11 年中，封河最大冰厚为 0.6m，最小为 0.2m。

表 6-2 1979—2003 年石嘴山站实测最大冰厚统计

年份	最大冰厚/m	对应水位/m
1979—1980 年	0.42	1088.04
1980—1981 年	0.3	1087.96
1981—1982 年	0.45	1088.35
1982—1983 年	0.55	1087.57
1983—1984 年	0.6	1089.07
1984—1985 年	0.43	1087.99
1986—1987 年	0.4	1087.26
1987—1988 年	0.5	1087.55
1993—1994 年	0.2	
1994—1995 年	0.55	
1995—1996 年	0.25	

按封河宽度 360m、冰厚 0.6m 计算，100km 河道储冰量为 2160 万 m^3。

进入水库的冰块量取决于开河形式及河道储冰量。如按一般规律计算，冰块最远运行距离不超过 50km，那么 50km 河道储冰量为 1080 万 m^3。假设冰块在运行过程中的融化率与运行距离成直线关系，则进入水库的冰块量有 1080/2=540 万 m³，取冰块堆积形成冰坝时的空隙率为 0.5，则形成冰坝的冰块量为 1080 万 m³。1974 年 3 月 14 日海勃湾库区的九店湾形成了冰坝，冰坝壅水 5~6m，长 7km。计算其冰量时设冰坝壅水高度为 6m，为使冰坝上下游的纵比降较合理，整个冰坝长度取为 11km，计算出的冰量约为 1270 万 m³。

将两种方法计算出的冰量进行对比分析，进入海勃湾水库库区能够形成冰坝的冰块量取 1270 万 m³。

6.3 水 库 冰 塞

在天然河流上，冰塞一般容易在弯道、水面宽度突然变化的地方形成。在水库中，回水末端是最容易形成冰塞的。水库上游的天然河道，纵比降陡、流速大，进入水库的回水区后，断面平均流速突然减小许多，水流的表面流速更是大幅减小，流凌密度增加，从而导致插堵封河，形成冰塞。

在水库中，冰塞依据形成机理的不同一般分为三个部分，即头部、稳定段和尾部段。水库回水末端以上的河道纵比降较陡、流速较大，入库冰花遇冰塞阻挡后，有一部分在冰盖前沿下潜，被水流携带至水库回水区。回水区水流流速小，冰花上浮依附在冰盖底部形成冰塞头部。冰塞头部的形状和体积与上游输送来的冰花量、入库流量和地形条件有关，由于冰塞头部位于回水区且不稳定，由冰花堆积抬高的水位较小。尾部段是冰塞形成的初级阶段，在此河段，冰盖下的水流输冰能力小于下潜的冰花量，从而导致冰花在此河段不断堆积，冰层逐渐加厚。当上游输送的冰花大部分能够输送下去时，冰层增厚趋缓，这时该河段即成为冰塞的稳定段。冰塞的稳定段和尾部段位于水库的回水末端以上，由于它而导致的水位升高容易造成对两岸的浸没和淹没。

6.3.1　计算原理

　　在形成稳定冰塞的河段，河流水体两侧及底部由河床所包围，顶部由冰花层所覆盖，水流在冰花层下的流动可视为有压管流。未形成冰盖时上部的冰花层是可以上下浮动的。万家寨水库冰塞示意图如图 6-2 所示。

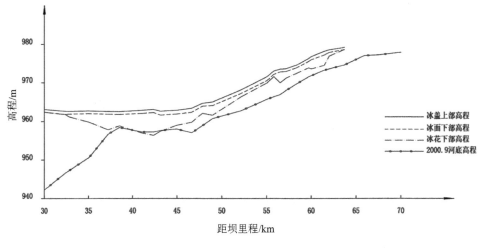

图 6-2　万家寨水库冰塞示意图

　　在明流中，结合断面，水位和流速即为同一个未知数，因此方程可解。在冰塞河段，水位和流速是两个未知数，因此方程不可解。但是，水位和流速与冰花层厚度有关，如果有冰花层厚度，根据浮力原理，方程即可解。冰花层厚度与断面流速有关，断面流速又与流量、断面形态和河床纵比降等因素有关。利用万家寨水库稳定冰塞河段的实测资料拟合出计算稳定流速的公式如下：

$$v_{稳} = 5.895\left(\frac{Q^{0.35}J^{0.35}}{B^{0.4}}\right)^{0.73}$$

即可得到各断面的流速和测压管水位，根据浮力原理计算出冰花层的厚度及冰面高程。根据实测资料统计，冰塞发生的断面一般位于断面平均流速小于 0.3m/s 的地方。

6.3.2　管流法的验证

万家寨水库位于海勃湾水库下游约 610km 的黄河干流上，水库库区长 72km，库区为峡谷河段，平均河宽 350m，河床纵比降为 1.17‰。在流凌封河期，为使冰花不在库尾以上河道堆积，万家寨水库在流凌封河期的运行水位较低，基本上控制到入库冰花形成的冰塞全部在水库库区。

海勃湾水库库尾也为峡谷区，河床纵比降为 0.8‰，比万家寨水库略缓，两库的断面形态均为"U"形，河宽 400～500m，略宽于万家寨水库。在流凌封河期，610km 长的黄河干流上已无大规模的引水，因此两库在流凌封河期的流量也相差不大。经各方面比较，万家寨水库与海勃湾水库尾部段具有相似性，从万家寨水库总结出的冰塞计算方法可用于海勃湾水库。虽然海勃湾库区无实测冰塞资料，但坝址上游 50km 的石嘴山水文站封河时的水位可间接作为验证资料，如图 6-3 所示。

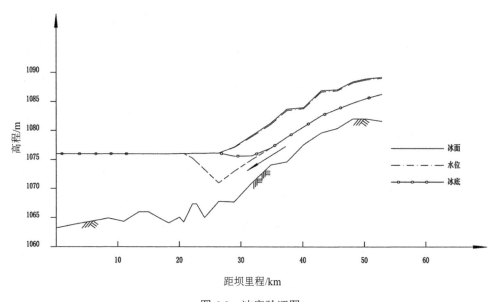

图 6-3　冰塞验证图

1976 年 1 月 1 日—3 月 2 日石嘴山处于封河期，1 月 5 日流量为 652m³/s，水位 1088.81m。用海勃湾水库 1999 年 3 月实测的库区大断面计算相关数据，坝前水位取 1076m，流量取 652m³/s，计算时设上游冰花来量充分，冰塞一直发展到距坝 52.8km 的 HB41 断面（石嘴山市）。冰塞发生在距坝 29km 的九店湾断面，最大壅水在距坝 37.4km 的水库回水末端，最大壅水高度 4.43m。整个冰塞需冰花量 4260 万 m³，其中，冰塞头部需冰花量 1590 万 m³。石嘴山水文站断面计算水位为 1088.76m，仅比实测水位低 0.05m。

6.3.3 冰塞计算流量

海勃湾水库上游控制性水利枢纽为刘家峡水库，目前，该水库承担着黄河宁蒙段的防凌任务，根据《黄河刘家峡水库凌期水量调度暂行办法》（防总国汛〔1989〕22 号）中规定，刘家峡水库凌汛期下泄水量采用月计划旬安排的调度方式，提前 5 天下达次月的调度计划及次旬的水量调度指令，水库下泄水量按旬平均流量严格控制，各日出库流量避免忽大忽小，日平均流量变幅不能超过旬平均流量的 10%。水库从 10 月下旬或 11 月初开始加大下泄流量，腾空防凌库容，同时有利于内蒙古河段较大流量封河，刘家峡水库多年平均 11 月份下泄流量为 756m³/s，12 月、1 月、2 月和 3 月的下泄流量分别为 539m³/s、488m³/s、448m³/s 和 443m³/s。

统计石嘴山水文站 1971—2003 年流凌期实测的日平均流量，各流凌期取最大日平均流量，其系列最大流量为 1220m³/s，发生在 1975 年；最小流量为 546m³/s，发生在 1986 年；系列流量的平均值为 782m³/s。各流凌期平均流量中，最大为 873m³/s，发生在 1975 年；最小为 362m³/s，发生在 1977 年。1971—2003 年石嘴山流凌期流量频率计算成果见表 6-3。

表 6-3 1971—2003 年石嘴山流凌期流量频率计算成果

项目	流凌期最大/（m³/s）	流凌期平均/（m³/s）
最大流量	1220	873
最小流量	546	362
平均流量	782	605
五年一遇流量	934	719
二十年一遇流量	1140	846
五十年一遇流量	1270	916

水库冰塞多发生在回水末端。由于库水位的关系，水库冰塞往往直接导致上游封河。因此，水库冰塞的发展时间为其上游的流凌期，冰塞的形状及壅水程度由流凌期的流量过程综合决定。在用万家寨水库实测资料推求管流法的计算过程中，其流量取的是介于流凌期最大流量和平均流量之间的一个流量值。根据管流法推求过程所取流量和石嘴山的统计流量，取海勃湾水库冰塞的计算流量 934m³/s 作为冰塞壅水的计算流量。

6.4 冰塞壅水及计算成果分析

本节通过介绍冰库水塞壅水以及水库冰塞的计算结果，分析库水位、流量、对冰塞壅水的影响。

6.4.1 库水位对冰塞壅水的影响

在同一个流量 934m³/s 情况下，对比分析库水位 1070m、1072m、1074m、1076m、1077m 对冰塞壅水的影响。计算时假设入库冰花量充足。

从图 6-4 中看出，冰塞发生断面位于回水末端以下，库水位不同，冰塞发生断面与回水末端的距离也不同，这取决于水库地形，计算时假设冰塞发生在断面平均流速小于等于 0.3m/s 的断面。

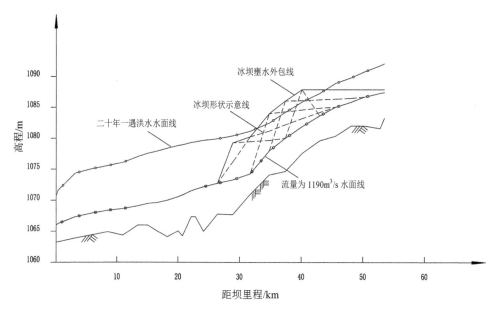

图 6-4　水库库尾冰坝示意图

计算表明，库水位在 1070～1077m 之间时，冰塞壅水在距坝 34.8km 以内的库区，壅水高度随库水位的抬高而升高。距坝 34.8km 以上的库区及河道内，冰塞壅水与库水位无关。与敞流区相比，冰塞壅高水位为 3～5m 之间。库水位为 1076m 时，最大壅水出现在距坝 37.4km 的 HB35 断面（五场），壅水高度为 5.05m。

6.4.2　流量对冰塞壅水的影响

流量与河流纵比降反映了形成冰塞的水动力条件，流量大，水动力作用强，冰塞壅水高。图 6-5 是回水曲线汇总图，其示出不同流量下的冰塞水位线。在相同的库水位时，形成冰塞断面以上的库区及河道内，冰塞水位随流量的增大而抬升。

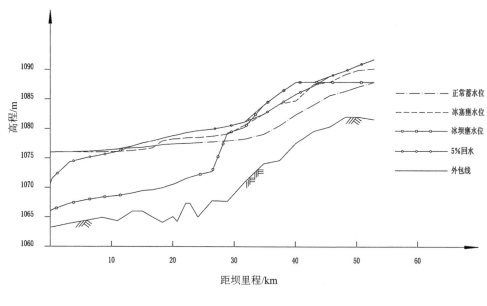

图 6-5 回水曲线汇总图

6.4.3 泥沙淤积对冰塞壅水的影响

随着水库运用年限的延长，库区泥沙淤积量增大，距坝 30km 以内的库区河床有所抬升，滩面逐渐淤高。在库水位的作用下，断面向窄深方向发展。从纵横断面图分析，水库运用 50 年，泥沙淤积的影响范围在坝址至上游 34.8km 以内。

用原始地形、淤积 20 年地形和淤积 50 年地形计算的冰塞水位，在距坝 37.4km 以上的位置，水库泥沙淤积已对冰塞壅水没有影响。

6.4.4 冰塞壅水

冰塞发生在流凌封河期，这期间也是内蒙古河道的流凌封河期。为使内蒙古河道以较大、较平稳流量封河，海勃湾水库在每年的 11 月上旬、中旬需向下游补水；11月下旬—12月上旬，海勃湾水库需拦蓄宁夏灌区的灌溉退水。流凌封河期取决于气温，从实测资料统计，石嘴山断面最早开始的流凌日期为11月7日，最晚的是12月27日，相差一个多月。诸多因素组合在一起，海勃湾水库在流凌封河期的库水位变数较大。

以上分析表明，库水位在1070～1077m范围内，其高低对距坝34.8km以上库区及河道的冰塞壅水没有影响，对34.8km以下的库区影响较大，库水位高，库区段冰塞壅水也高。冰塞计算选择坝前水位1076m。

在距坝34.8km以内的库区，随着水库泥沙淤积量的增多，冰塞壅水有所抬高，冰塞计算的地形选择水库淤积20年的地形。

用流量934m^3/s、库水位1076m、淤积20年地形计算的冰塞如图6-5～图6-8所示，水库设计冰塞成果见表6-4。

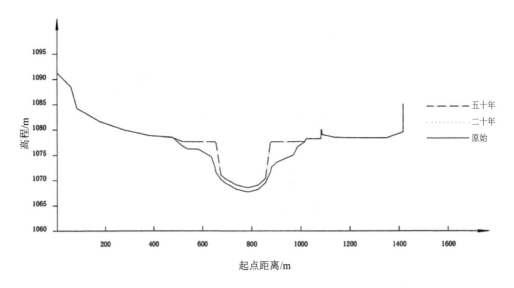

图6-6　库区九店湾断面图

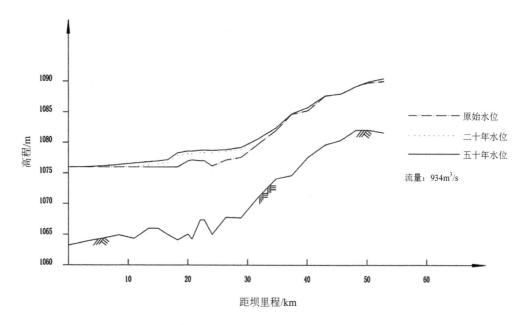

图 6-7　不同淤积年限冰塞对比图

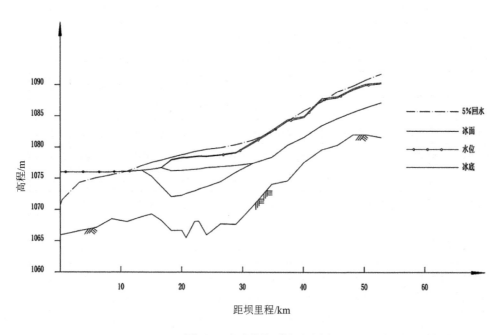

图 6-8　水库设计冰塞形态图

表 6-4　水库设计冰塞成果

断面号	断面名称	距坝里程/m	高程/m					冰量/万 m³	壅冰厚度/m
			河底	冰底	水位	冰面	5%回水		
中坝址		0	1065.91	1076	1076	1076	1070.63	0	
HB20		320	1066.02	1076	1076	1076	1071.58	0	
HB21	海勃湾市	3140	1066.63	1076.01	1076.01	1076.01	1074.34	0	
HB22		6010	1067.19	1076.01	1076.01	1076.01	1075.1	0	
HB23		8470	1068.54	1076.03	1076.03	1076.03	1075.56	0	
HB24	乌兰木头	10970	1068.1	1076.11	1076.11	1076.11	1076.1	0	
GHB25	黄伯茨	13440	1068.89	1076.28	1076.28	1076.28	1077.04	0	
GHB26	公路桥	15040	1069.33	1075.35	1076.46	1076.46	1077.57	116	
B26~1		16660	1068.3	1073.73	1076.72	1076.72	1077.95	408	0
GHB27		18290	1066.7	1072.10	1077.95	1078.05	1078.4	858	1.84
HB28	铁路桥	20020	1066.69	1072.30	1078.28	1078.39	1078.83	1350	2.12
B28~1	东风农场七队	20710	1065.5	1072.60	1078.3	1078.41	1078.96	1498	2.08
HB29	II～120	22120	1068.14	1073.00	1078.46	1078.57	1079.33	1790	2.12
上坝址		22810	1068.17	1073.30	1078.53	1078.64	1079.45	1940	2.13
HB30	三道坎	24110	1065.96	1073.70	1078.52	1078.62	1079.68	2240	1.89
HB31	黄河大队二队	26410	1067.77	1074.50	1078.75	1078.85	1079.95	2750	1.97
HB32	九店湾	28890	1067.69	1076.00	1079.1	1079.21	1080.42	3210	2.12
HB33	麻黄沟	31720	1070.62	1077.44	1080.65	1080.83	1081.17	3640	3.39
HB34	头道坎	34820	1074.09	1078.44	1082.49	1082.72	1082.48	4010	4.28
HB35	五场	37410	1074.64	1080.35	1084.2	1084.42	1084.21	4390	4.07
HB36	向阳农场	40110	1077.58	1081.62	1084.78	1084.96	1085.86	4890	3.34
HB37	石嘴山钢铁厂	43000	1079.63	1083.48	1087.57	1087.79	1087.29	5400	4.31
HB38	石嘴山钢铁厂	45570	1080.37	1084.62	1087.94	1088.12	1088.92	5800	3.5
HB39		48110	1082.02	1085.62	1089.2	1089.39	1089.82	6140	3.77
HB40	石嘴山水文站	50240	1082.02	1086.35	1089.93	1090.13	1090.79	6430	3.78
HB41	石嘴山市	52765	1081.59	1087.16	1090.2	1090.36	1091.76	6760	3.2

整个冰塞需冰花量为 6760 万 m³，大于石嘴山断面 1980—2003 年系列实测的最大冰花量为 5370 万 m³。从设计的冰花量判断，由于水库的影响而形成的冰塞向上游运行，最远能够影响到距坝 43km 的 HB37 断面，即石嘴山钢铁厂（北）断面。如果入库冰花量充足，冰塞发展到石嘴山市以上，也仅石嘴山钢铁厂（北）断面高出二十年一遇洪水位 0.28m，其余断面均低于或接近二十年一遇洪水位。

与同等流量的敞流水面线相比，冰塞最大壅水 5.16m，发生在距坝 34.8km 的三道坎，回水末端处壅水 4.56m，石嘴山钢铁厂壅水 4.15m，石嘴山水文站壅水 3.61m。

冰花量计算时，各参数取上限，多年平均冰花量为 3400 万 m³，最大年冰花量为 5370 万 m³。取均值时，多年平均冰花量为 1700 万 m³，最大年冰花量为 2680 万 m³。冰塞发展到宁夏第三排水沟入黄口时需冰花量 6760 万 m³。从上述的分析可知，冰塞头部与库水位关系密切，当库水位低时，冰塞头部靠近坝前，冰塞发展到宁夏第三排水沟入黄口时所需冰花量将大于 6760 万 m³。因此，从冰花量分析，由于水库而产生的冰塞不会发展到宁夏第三排水沟入黄口。

6.4.5　库尾冰坝

河道封冻后，开河取决于河冰的坚硬程度及水流施加于冰层的作用力。在水库的回水区，水流速度缓慢，不容易开河，而上游河道水流流速较大，开河较早。上游开河冰块运行到库区，遇到回水区的冰盖后，受回水区冰盖的阻挡而插堵形成冰坝。因此，在河流封冻地区，水库的回水末端往往是最容易形成冰坝的地点。

冰坝形成后，其阻水程度与冰块的尺寸、坚硬程度、流量及河道纵比降等因素有关。另外，冰坝与冰塞不同，在冰塞的形成过程中，水温低，形成冰塞的冰花不会融化，冰塞存在的历时较长，最久的可延续到开河期。因此，冰塞可发展到成熟期，即有一定长度的稳定段，该稳定段的冰花厚度及壅水高度与流量、地形条件等因素有较明确的关系。而冰坝不同，冰坝形成于开河期，开河期的水温高于零度，冰坝在形成的过程中，坝体在加长增厚的同时，其内部也在不断地消融，往往不等冰坝发展到成熟期就会溃决。因此，冰坝很不容易形成稳定的坝体，冰坝的壅水高度与气温、水温、封河期冰层厚度、冰流量、开河形式及地形等因素之间很难建立起定量关系。另外，冰坝一般仅存在 1～2 天，超过 2 天的少见，这也给冰坝测量带来了困难。因此，目前国内外还出现计算冰坝形状的方法，即使有少部分计算冰坝壅水高度的方法，因受实测资料的限制，其精度也较差。在内蒙古河段实测的冰坝壅水资料中，海勃湾水库库区段的冰坝壅水程度是最高的，乌达铁路桥上发生过一次壅水 6～7m 的冰坝，乌达铁路桥上游 5km 处发生过一次壅水 6m 以上的冰坝，九店湾断面发生过两次壅水 5～6m 的冰坝。

海勃湾水库是一座防凌水库，水库上游宁夏河段的开河早于内蒙古河道。天然情况下，宁夏河段开河期槽蓄水量释放形成凌汛洪峰，凌汛洪峰进入内蒙古河道容易使其形成"武开河"。海勃湾水库的作用之一就是拦蓄宁夏河段的凌汛洪峰，避免造成内蒙古河道的"武开河"。水库的库水位在宁夏河段开河期是一个升高的过程，其回水末端在库尾一定长度的河段内变动。冰坝可能在九店湾到回水末端之间的任意一个地点产生。冰坝壅水有一个影响范围，不同地点形成的冰坝，其影响范围不同。如图 6-4 所示，图中敞流水面线的流量为 1190m³/s，此流量是石嘴山水文站开河期实测的最大洪峰流量。从九店湾到回水末端有 4 个断面，为扩大考虑范围，将回水末端上一断面也作为出现冰坝的断面。每个冰坝在敞流水面线的基础上壅水 6m，其长度按 7km 控制，考虑到冰坝形状的合理性，图中每个冰坝的长度均大于 7km。回水末端上一断面的冰坝顶点高程已比最后一个断面的水位还高，因此用一个三角形表示。九店湾断面发生的冰坝冰量为 1270 万 m³，九店湾断面以上的三个冰坝冰量亦按 1270 万 m³ 控制，最后一个冰坝未计算冰量。将冰坝壅水的外包线与二十年一遇洪水的水面线比较，冰坝壅水突破二十年一遇洪水位的河段长 13.9km，即从距坝 31.7km 的麻黄沟断面到距坝 45.6km 的石嘴山钢铁厂断面。冰坝壅水最高处突破二十年一遇洪水位 2.04m，其中石嘴山钢铁厂断面水位抬高 0.61m。回水曲线汇总图如前文图 6-5 所示。

目前，国内外在冰塞的计算研究方面还处于起步阶段，计算方法尚未成熟。管流法是依据万家寨水库的实测资料建立的经验方法，尚未使用其他水库或河段资料进行验证。海勃湾水库也无冰塞实测资料，计算成果可能会有些误差。回水曲线综合数据见表 6-5。

表 6-5 回水曲线综合数据

断面号	断面名称	距坝里程/km	高程/m						
			河底	冰塞壅水位	冰坝壅水位	5%回水	正常蓄水位	外包线	冰塞冰坝水位壅高
中坝址		0	1063.28	1076	1066	1070.63	1076	1076	
HB20		0.32	1063.28	1076	1066.26	1071.58	1076	1076	
HB21	海勃湾市	3.14	1063.9	1076.01	1067.33	1074.34	1076.04	1076.04	
HB22		6.01	1064.44	1076.01	1067.97	1075.1	1076.13	1076.13	
HB23		8.47	1064.92	1076.03	1068.37	1075.56	1076.28	1076.28	
HB24	乌兰木头	10.97	1064.35	1076.11	1068.64	1076.1	1076.51	1076.51	
HB25	黄伯茨	13.44	1066	1076.28	1069.09	1077.04	1076.72	1077.04	
HB26	公路桥	15.04	1066	1076.46	1069.48	1077.57	1076.82	1077.57	
HB26-1		16.66	1065	1076.72	1069.64	1077.95	1077.04	1077.95	
HB27		18.29	1064.1	1077.95	1069.99	1078.4	1077.28	1078.4	
HB28	铁路桥	20.02	1065.06	1078.28	1070.56	1078.83	1077.4	1078.83	
HB28-1	东风七队	20.71	1064.24	1078.3	1070.85	1078.96	1077.43	1078.96	
HB29	Ⅱ～120	22.12	1067.36	1078.46	1071.53	1079.33	1077.5	1079.33	

续表

断面号	断面名称	距坝里程/km	高程/m						冰塞冰坝水位壅高
			河底	冰塞壅水位	冰坝壅水位	5%回水	正常蓄水位	外包线	
上坝址		22.81	1067.36	1078.53	1071.77	1079.45	1077.53	1079.45	
HB30	三道坎	24.11	1065	1078.52	1072.17	1079.68	1077.62	1079.68	
HB31	二队	26.41	1067.8	1078.75	1072.75	1079.95	1077.77	1079.95	
HB32	九店湾	28.89	1067.7	1079.1	1079.29	1080.42	1077.95	1080.42	
HB33	麻黄沟	31.72	1070.96	1080.65	1080.26	1081.17	1078.29	1081.17	0
HB34	头道坎	34.82	1074.09	1082.49	1084.01	1082.48	1079.1	1084.01	1.53
HB35	五场	37.41	1074.64	1084.2	1086.04	1084.21	1080.55	1086.04	1.83
HB36	向阳农场	40.11	1077.58	1084.78	1087.9	1085.86	1082.42	1087.9	2.04
HB37	钢铁厂	43	1079.63	1087.57	1087.9	1087.29	1084.1	1087.9	0.61
HB38	钢铁厂	45.57	1080.38	1087.94	1087.9	1088.92	1085.66	1088.92	0
HB39		48.11	1082.02	1089.2	1087.9	1089.82	1086.37	1089.82	
HB40	水文站	50.24	1082.02	1089.93	1087.9	1090.79	1087.12	1090.79	
HB41	石嘴山市	52.765	1081.6	1090.2	1087.9	1091.76	1087.89	1091.76	

6.5 本章小结

石嘴山水文站的监测范围不仅涵盖了黄河的主要流域,还包括周边的支流和地下水资源。通过高精度的测量设备和先进的数据分析系统,石嘴山水文站能够实时监测水位、流量、降水量等关键水文参数。这些数据不仅为当地的农业灌溉、防洪排涝提供了科学依据,也为水资源的合理调度与管理提供了重要支持。此外,石嘴山水文站还致力于长期水文变化的研究。通过对历史数据的分析和模型的建立,研究人员能够预测未来的水文趋势,为区域内的水资源规划和管理提供科学依据。同时，石嘴山水文站还积极参与国际水文合作，与周边国家共享水文数据，共同应对跨界水资源管理的挑战。石嘴山水文站的建设和运营不仅提高了宁夏地区的防灾减灾能力，也为黄河流域的综合治理和可持续发展提供了坚实的基础。未来，随着科技的进步和水文监测技术的不断提升，石嘴山水文站将继续发挥其重要作用，为区域内的生态环境保护和经济社会发展贡献力量。

第 7 章　海勃湾水利枢纽防凌调度

海勃湾水利枢纽的防凌调度工作是一个复杂而系统的过程，其作用和目的不仅涉及水利设施的安全和水资源的合理利用，还关系到生态环境的保护和社会经济的发展。因此，建立科学合理的防凌调度体系是确保水利枢纽安全、高效运行的重要保障。本章通过对海勃湾水利枢纽防凌调度的条件进行介绍，提出防洪调度的任务、原则、时段、方式等。

7.1　调度条件及依据

7.1.1　水库安全运用条件

1. 水库运行水位

海勃湾水库正常运行的最高水位为 1076m，死水位为 1069m。为了保证土石坝上游坝坡稳定，水位降落时，要求降水速率小于 2m/24h。

2. 监测设施

监测人员定期对枢纽所有监测仪器进行测试并及时进行资料分析，发现测值异常或突变时查找原因并及时上报，及时采取处理措施，确保工程安全。监测单位制定完善的监测系统运行管理制度，包括监测项目及频次、仪器设备管理与维护（含定期检验和校正）、监测数据记录与处理、监测人员与岗位职责等要求；监测人员严格执行管理制度，正确使用和操作监测系统。监测资料定期进行整编，最长不宜超过 1 年。在运行期，每年汛前将上一年度的监测资料整编完毕；对竣工验收及大坝安全鉴定进行全面的资料分析，分别为蓄水、验收及大坝安全鉴定评价提供依据。

7.1.2 水工金属结构设备的安全运用条件

1. 泄洪系统

弧形工作闸门运用方式遵循"对称、间隔、均匀、同步"的开启原则，即对称同步开启，各孔的开启高度一致，避免各孔之间泄量差别过大；在满足该原则前提下闸门开启顺序为先中间、后两侧，闸门关闭顺序则相反。

泄洪闸运用应避免单孔、小开度运行。如确需局部开启时，闸门应避开可能发生振动的区域，尽量缩短启用时长。遭遇设计洪水时，泄水建筑物总泄流能力大于泄洪要求，16 孔开启并控泄；遭遇校核洪水时，泄洪闸全部开启敞泄；为避免流冰撞击闸门，16 孔泄洪闸不允许在流凌期局部开启。

冬季运行前检查侧水封处有无冰冻，若有冰冻先用移动融冰装置解冻后再运行闸门；每年冬季运行前检查每孔的防冰压及防冰冻设备运行是否正常，加强设备维护，确保设备可靠运行；冬季在泄洪闸门面板处形成冰盖前运行各闸门自动发热电缆装置。

上游检修闸门和下游检修闸门操作方式为静水启闭，充水方式为小开度（150～200mm）提上节门充水平压。

上游 2×400kN 双向门机和下游 2×160kN 单向门机，当门机接近行程极限位置时提前减低速度以防止损坏限位装置乃至出轨。

2. 发电系统

机组运行时，尾水事故闸门的操作处于待命状态；出现事故时，采用事故闸门进行动水关闭。

机组检修同时关闭下游事故门和上游检修门；检修完成后，打开尾水闸门充水阀向尾水流道充水，待充水与尾水平压后，将尾水闸门提起。向进水流道充水时要求小开度提上节闸门（150～200mm）充水平压，待充水至与上游水位平压后，将进水口闸门提起。

机组长时间停止发电时，关闭机组段的上下游闸门，减少流道泥沙淤积。

电站进水口设置 2×630kN 双向门机和电站尾水 2×2000kN 单向门机。电站尾水事故检修闸门，启门时闸门采用充水阀充水平压，考虑上下游不平衡水压差 1m，并同时考虑淤沙 4m 高引起的淤沙压力及淤沙淤满梁格的自重。

根据监测的拦污栅前后的水位差，及时清污，防止拦污栅超负荷运行、变形或折断。

7.1.3　工程安全监测与巡视检查要求

海勃湾水利枢纽安全监测范围包括大坝、各输水建筑物及其设备。安全监测方法包括巡视检查和仪器观测，具体内容为定期或特殊情况下监测与巡视。

巡视检查分为日常巡视检查和年度巡视检查、特别巡视检查。日常巡视检查一般情况为每日两次，汛期、凌汛期高水位时应增加次数；年度巡视检查在每年汛期、汛后，应进行全面的巡视检查；特别巡视检查是在大坝遇到严重影响安全运用的情况下、发生比较严重的破坏现象或其他危险迹象时，组织专人对可能出现险情的部位进行连续监视。

7.2　水文预报要求与水文气象统计成果

下河沿至海勃湾坝址区间划分为两个河段：下河沿—青铜峡河段、青铜峡—石嘴山河段，每个河段分别采用上游水文站现时流量为控制，通过河系预报方案,结合区间支流现时流量,预报下游水文站未来的水情。其中,下河沿—青铜峡河段的预见期为 20 小时,利用上游下河沿站流量,结合区间支流上的来水,预报青铜峡站流量;青铜峡—石嘴山河段预见期为 30 小时,利用上游青铜峡站流量,结合区间支流上的来水,预报石嘴山站流量;下河沿—石嘴山河段预见期为 50 小时,利用上游下河沿站流量,结合区间支流上的来水,预报石嘴山站流量。

7.2.1　水文气象情报站网及观测

海勃湾水利枢纽已建设海勃湾水利枢纽水情自动测报系统。水情测报系统测报站点包括下河沿、青铜峡、石嘴山、泉眼山、郭家桥、磴口、坝上、坝下等遥测水位站 8 处,中心站 1 处。中心站位于枢纽管理局中控楼内,水位信息均汇集至中心站。

枢纽运行初期设立坝下遥测水位站观测水位,通过监测断面的水位流量关系,推算对应的下泄流量,并通过下游磴口站作为验证;后期根据枢纽的实际运用和黄河水量调度需要,设立专用水文站。

7.2.2　水文气象预报

洪水期洪水预报,以上游下河沿水文站和青铜峡水文站现时流量为控制,通过河系预报方案,结合区间支流现时流量,预报石嘴山水文站未来的水情。

枯水期的径流预报,根据上游石嘴山水文站和青铜峡水文站每日实测径流资料,采用上下游站相关法和退水曲线法进行径流预报。

7.2.3　气象

根据乌海市气象站 1961—2006 年观测资料,枢纽区多年平均降水量为

156.8mm，年降水量的 65%集中在 7—9 月。平均水面蒸发量达 3206mm，其中 5—8 月的蒸发量占全年的 61%，最大蒸发量多出现在 6 月份。乌海市多年平均气温为 9.7℃，气温年际变化不大，年内变化很大，极端最高气温 40.2℃（1999 年 7 月 28 日），极端最低气温-32.6℃（1971 年 1 月 22 日），变幅达 72.8℃，夏季各月平均气温在 18℃以上。大风和风沙时有发生，历年最大风速 24m/s。乌海市气象站气象要素统计见表 7-1。

表 7-1　乌海市气象站气象要素统计

项目		1 月	2 月	3 月	4 月	5 月	6 月	7 月	8 月	9 月	10 月	11 月	12 月	全年
平均降水量/mm		1.2	2.2	3.2	5.3	14.2	17	37.8	42.3	21.5	8.1	2.7	1	156.8
水面蒸发量/mm		40.8	72.3	180.7	335.1	492.3	529.2	511.3	424.2	301.1	188.3	88.2	42.9	3206.4
平均气压/hbar		898.9	896.8	893.8	890.9	888.8	885.7	884.1	887.2	892.7	897.1	899.4	899.9	892.9
平均气温/℃		-8.6	-4.3	3.4	11.9	19	23.8	25.8	23.9	18	10.1	0.7	-6.8	9.7
极端最高气温/℃		12	18.4	27.1	36.4	39.4	37.9	40.2	38.6	37.6	28.2	21.2	15.2	40.2
极端最低气温/℃		-32.6	-27	-22.4	-10.4	-12	4.5	11.4	8.5	-3.7	-9.4	-24	-27.9	-32.6
平均地面温度/℃		-9.4	-4.1	5.1	14.9	23.1	28.5	29.8	26.8	20.1	10.6	0	-8.1	11.5
极端最高地面温度/℃		21.5	33.9	48	59	64.4	67	68.5	66.2	60.9	47.4	36.5	19.7	68.5
极端最低地面温度/℃		-34.2	-31.4	-25.4	-14.4	-5.8	1.2	9.5	4.4	-5.8	-15.6	-27.5	-36.6	-36.6
平均相对湿度/%		39	37	39	42	52	58	64	61	61	57	50	45	50
平均风速/（m/s）		1.9	2.3	3.1	3.7	3.9	3.7	3.4	3.3	3	2.5	2.4	1.9	2.9
月最大	风速/（m/s）	20	24	23	22	20.3	18	16.7	17	16.3	15	19	17	24
	风向	NW，W	ENE	E	NNW	WNW	NNW	NNW	WNW	SSE	WNW	WNW	NW	ENE
最大冻土深度/cm		153	177	178	10						13	40	100	178

7.2.4　暴雨洪水

1. 暴雨特性

黄河上游地处我国青藏高原的东部，夏季在北纬 33°～34°存在一条东西向的横切变线，它的形成和维持是因为新疆北部东移的较强冷空气和青藏高原东侧强盛的西南气流北上在高原东部相遇，从而形成了上游地区持续时间长的强连阴雨天气。

黄河上游汛期降雨主要集中于 7 月和 8 月下旬—9 月上旬这两个时段，其中以 8 月下旬—9 月上旬的长历时降雨量较大。1967 年 8 月下旬—9 月上旬，1964 年 7 月中下旬等几次较大洪水，其降雨历时断断续续都在 15 天以上，雨区笼罩兰州以上大部分地区。

形成兰州较大洪水的降雨过程以强连阴雨过程为主，这类降雨持续历时长、雨强比较小。据对 19 次强连阴雨过程分析，兰州以上强连阴雨分为纬向类和斜向类两类，其特点分别如下。

（1）纬向类强连阴雨。兰州以上 10 天降雨量达 50mm 以上雨区基本上呈东西向分布，东南部雨量偏大。根据大雨区位置的南北差异，又可分为 A、B 两型。

1）A 型。大雨区偏南，但有时雨区可波及大夏河、洮河上游。10 天降雨量 50mm 雨区面积达 5~9 万 km^2，100mm 雨区面积最大可达 4 万 km^2，如 1981 年 8 月 16—25 日降雨过程即为此类型。

2）B 型。大雨区位于唐乃亥以上区域，以及洮河、大夏河流域，有时甚至遍及整个兰州以上地区。10 天降雨量 50mm 以上大雨区位置与上游年降水量的高值区相一致。这是上游降水量最强盛的一种雨型，其 50mm 雨区面积达 10~20 万 km^2，100mm 雨区面积可达 5 万 km^2。如 1964 年 7 月中下旬、1981 年 9 月 1—10 日、1967 年 8 月 21—30 日降雨过程均属此种类型。

（2）斜向类强连阴雨。这种类型的降雨雨区偏北，大雨中心区基本落在湟水、洮河区域，呈东南—西北向带状分布。这种类型降雨 50mm 以上雨区面积相对较小，最多达 7 万 km^2。如 1958 年 7 月 7—16 日、1978 年 9 月上旬降雨过程即为此种类型。

2. 洪水特性

黄河上游的洪水多为大面积、长历时的连阴雨形成，也有融雪洪水加入，加之草原广阔、湖泊沼泽众多、源远流长，调蓄作用显著，因此形成涨落平缓矮而胖的洪水过程，洪水含沙量小。

黄河上游的洪水主要来自兰州以上，兰州站一次大洪水历时一般为 30～40 天，洪峰发生时间多为 7 月上旬—8 月上旬和 9 月上旬—9 月中旬。兰州以下至石嘴山，较大的支流有祖厉河、清水河、红柳沟、甜水河、都思图河汇入。

黄河内蒙古河段洪水分凌汛和伏汛两种洪水类型。黄河内蒙古河段自西南流向东北，由于地理纬度上的差异，黄河内蒙古河段上游气温较高，而黄河内蒙古河段下游气温较低，凌汛期造成内蒙古河段封河自下而上，而开河自上而下的规律。凌汛洪水多发生在开河期间（3 月上旬和 3 月中旬）。开河易形成"武开河"局面，在黄河弯道狭窄处，易卡冰结坝，壅高水位，使防洪堤出现险情，造成凌灾。

黄河内蒙古河段伏汛洪水主要来自兰州以上河段，由降雨形成，伏汛时间长，为 7—10 月，伏汛期间的水量占全年总水量的 50%以上。年最大流量多发生在 7—9 月，尤以 8 月、9 月份居多，洪量大，且峰型较胖，洪水涨落平缓，峰型以单峰为主，一次历时长约 45 天。石嘴山水文站最大实测流量为 5660m³/s（1981 年），1981 年后较大的洪水年份有 1983 年、1984 年、1985 年、1989 年，洪峰流量分别为 3770m³/s、4120m³/s、3700m³/s、3390m³/s。

7.2.5　库容曲线

海勃湾水库库容统计见表 7-2。海勃湾水库库容曲线，如图 7-1 所示。

表 7-2　海勃湾水库库容统计

高程 /m	2007 年库容 /亿 m³	2016 年库容 /亿 m³	高程 /m	2007 年库容 /亿 m³	2016 年库容 /亿 m³
1064	0.002	0.002	1070.5	1.029	0.695
1064.5	0.004	0.004	1071	1.278	0.899
1065	0.008	0.007	1071.5	1.548	1.136
1065.5	0.015	0.011	1072	1.84	1.408
1066	0.027	0.016	1072.5	2.154	1.72
1066.5	0.045	0.023	1073	2.488	2.061
1067	0.078	0.035	1073.5	2.841	2.423
1067.5	0.13	0.056	1074	3.213	2.797
1068	0.206	0.096	1074.5	3.601	3.185
1068.5	0.31	0.161	1075	4.006	3.583
1069	0.443	0.253	1075.5	4.428	3.991
1069.5	0.607	0.373	1076	4.867	4.411
1070	0.804	0.52			

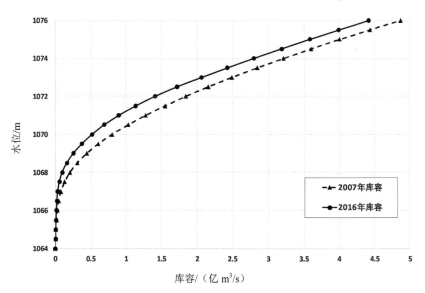

图 7-1　海勃湾水库库容曲线

7.2.6 泄洪闸泄流能力及泄流曲线

海勃湾水库的泄洪闸位于河床中部，采用平底板宽顶堰型式，堰顶高程 1065m，孔口总净宽 224m，共 16 孔，闸室全长 288m。

泄洪闸全开敞泄的泄流数据见表 7-3，相应泄流曲线如图 7-2 所示。不同上游水位时泄洪闸不同开度的泄流数据见表 7-4，相应泄流曲线如图 7-3 所示。

表 7-3 泄洪闸全开敞泄的泄流数据

水位/m	1067.06	1067.62	1068.26	1068.88	1069.63	1070.73
泄量/（m³/s）	900	1407	2017	2697	3566	5020
水位/m	1071.49	1072.62	1073.25	1074.27	1076	
泄量/（m³/s）	6099	7812	8797	10510	13600	

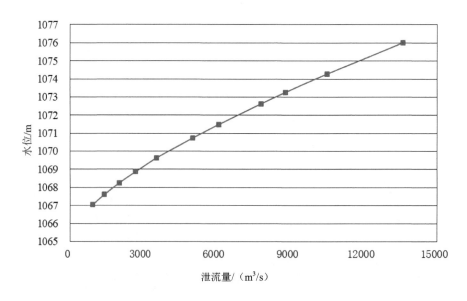

图 7-2 海勃湾水库泄洪闸全开敞泄泄流曲线

表7-4　不同上游水位时泄洪闸不同开度的泄流数据

H=1076m		H=1074m		H=1071m		H=1069m	
流量/（m³/s）	开度/m	流量/（m³/s）	开度/m	流量/（m³/s）	开度/m	流量/（m³/s）	开度/m
0	0	0	0	0	0	0	0
1325	0.5	1180	0.5	940	0.5	740	0.5
2500	1	2230	1	1760	1	1410	1
4500	2	4000	2	3050	2	1920	1.5
6100	3	5400	3	4050	3	2340	2
7650	4	6660	4				

注：H代表水位。

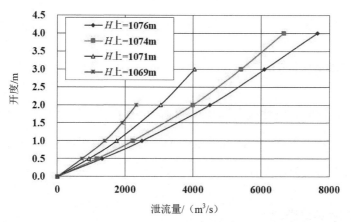

图 7-3　海勃湾水库泄洪闸不同开度泄流曲线

7.3　防 凌 调 度

凌汛期海勃湾水库可以利用库容条件，控制下泄流量过程，缓解内蒙古河段防凌形势。海勃湾水库库容条件的局限性，不能完全解决内蒙古河段的防凌问题，只能适时、有针对性地根据封河期和开河期的来水特点和气象预报，配合上游刘家峡水库进行防凌调度。

黄河海勃湾水利枢纽位于黄河干流内蒙古自治区乌海市境内,距离内蒙古河段巴彦高勒水文站87km,三湖河口水文站308km,头道拐水文站608km。考虑到防凌运用的就近原则及防凌抢险的紧迫性,在有可能发生凌汛险情时,首先控制海勃湾水库防凌运用,减小下泄流量;当凌汛险情不断严重发展时,就近启用应急防凌分洪工程,海勃湾与应急防凌分洪工程同时作用,必要时,海勃湾水库关闭闸门,以缓解下游凌汛险情。

7.3.1 防洪调度

海勃湾水库不承担水库下游防洪任务,防洪调度方式以保证工程本身安全度汛为原则;遭遇工程标准洪水时,水库敞泄运用,保证自身防洪安全。

7.3.2 防凌调度任务

海勃湾水库适时、有针对性地对入库流量进行微调,配合上游刘家峡水库,减缓内蒙古河段防凌形势;当海勃湾水库下游河段发生冰坝壅水等险情时,水库可以根据当时的防凌库容条件响应防凌应急调度。

7.3.3 防凌调度原则

封河期尽量调整流量使得内蒙古河段按照预期的封河流量稳定封河,发生冰塞险情时转入防凌应急调度;稳封期,在库容条件允许情况下维持河道流量平稳且小于封河期流量,为开河期做准备;开河期,在库容条件允许情况下拦蓄部分上游来水,尽量减小下泄流量,发生冰坝险情时转入防凌应急调度。

海勃湾水库的运用以石嘴山站为入库依据站,以磴口站为出库站。其中,石嘴山站为不稳定封冻断面,且封、开河时间受水库运用的影响。因此,根据内蒙古河段的防凌需求，参照磴口站和三湖河口站的封、开河时间，将水库至三湖河口站的传播时间按 5 天计算，考虑水库运用的不同阶段，进行防凌运用。

7.3.4　防凌调度时段

防凌调度时段为凌汛期 11 月份—翌年 3 月份。

7.3.5　防凌调度方式

海勃湾水利枢纽根据水库积沙情况分为拦沙初期、拦沙后期和正常运用期。拦沙初期即水库有效库容大于 2.2 亿 m³ 以前的时间；拦沙后期即水库有效库容介于 0.6～2.2 亿 m³ 之间；正常运用期为有效库容小于 0.6 亿 m³ 以后的时间。

1. 拦沙初期

11 月 1 日至三湖河口站封河前 5 日（依据短期预报），水库根据内蒙古河段的流凌情况逐渐转入防凌运用的水位、流量控制方式，运行水位逐渐向 1074.5m 过渡。

三湖河口站封河前 5 日（依据短期预报）至磴口站封河日期，水库初始运用水位在 1074.5m 左右，当发生冰塞险情时，水库转入防凌应急调度；否则，水库根据预报的封河日期，按照最大不超过 200m³/s 的流量差、最长不超过 6 日的时间，依据"多蓄少补"的调度原则调整入库流量，促使内蒙古河段按照年度预期的封河流量封河，直至龙刘水库防凌控制流量传播至宁蒙河段或水库预留的防凌库容/水量用尽。

磴口站封河日期至磴口站开河日期，在自身库容条件允许情况下，适当微调进入内蒙古河段的流量过程，尽可能避免流量大幅波动，控制水库末水位不超过 1075m，最低可至死水位 1069m。

磴口站开河日期至三湖河口站开河前 5 日（依据短期预报），在自身库容条件允许情况下，适当减小进入内蒙古河段流量，促使内蒙古河段平稳开河；控制水库水位不超过 1075m，当发生冰坝险情时，水库转入防凌应急调度。

三湖河口站开河前 5 日（依据短期预报）至 3 月 31 日，水库根据内蒙古河段的开河情况逐渐转入非凌汛期水位、流量控制方式，水库运行最高水位不超过 1076m。

2. 拦沙后期

11 月 1 日至三湖河口站封河前 5 日（依据短期预报），水库根据内蒙古河段的流凌情况逐渐转入防凌运用的水位、流量控制方式，运行水位逐渐向 1073.5m 过渡。

三湖河口站封河前 5 日（依据短期预报）至磴口站封河日期，水库运用水位在 1073.5m 左右，当发生冰塞险情时，水库转入防凌应急调度；否则，在自身库容条件允许情况下调整入库流量，促使内蒙古河段按照年度预期的封河流量封河。

磴口站封河日期至磴口站开河日期，水库运用水位在 1073.5m 左右，水库按照入出库平衡控制；在自身库容条件允许情况下，适当微调进入内蒙古河段的流量过程，尽可能避免流量大幅波动。

磴口站开河日期至三湖河口站开河前 5 日（依据短期预报），在自身库容条件允许情况下，适当减小进入内蒙古河段流量，促使内蒙古河段平稳开河；水库运用水位在 1073.5m 左右，当发生冰坝险情时，水库转入防凌应急调度。

三湖河口站开河前 5 日（依据短期预报）至 3 月 31 日，水库根据内蒙古河段的开河情况逐渐转入非凌汛期水位、流量控制方式，水库运行最高水位不超过 1076m。

3. 正常运用期

11 月 1 日至三湖河口站封河前 5 日（依据短期预报），水库根据内蒙古河段的流凌情况逐渐转入防凌运用的水位、流量控制方式，运行水位逐渐向死水位 1069m 过渡。

三湖河口站封河前 5 日（依据短期预报）至磴口站封河日期，水库按照入出库平衡控制；水库运用水位为 1069m，当发生冰塞险情时，水库转入防凌应急调度。

磴口站封河日期至磴口站开河日期，水库按照入出库平衡控制，水库运用水位为 1069m。

石嘴山站开河日期至三湖河口开河前 5 日（依据短期预报），水库按照入出库平衡控制；水库运用水位为 1069m，当发生冰坝险情时，水库转入防凌应急调度。

三湖河口站开河前 5 日（依据短期预报）至 3 月 31 日，水库根据内蒙古河段的开河情况逐渐转入非凌汛期水位、流量控制方式，水库运行最高水位不超过1076m。

7.3.6 防凌调度权限

海勃湾水利枢纽由黄河防汛抗旱总指挥部负责调度。凌汛期，黄河防汛抗旱总指挥部直接调度；伏汛期，黄河防汛抗旱总指挥部授权内蒙古自治区防汛抗旱指挥部负责调度，调度指令抄报黄河防汛抗旱总指挥部办公室；遭遇严重汛情或特殊情况时，黄河防汛抗旱总指挥部直接下达调度指令，并抄送内蒙古自治区防汛抗旱指挥部。水量调度按照国务院颁发的《黄河水量调度条例》（国务院令第472 号），服从水利部黄河水利委员会水量统一调度。

7.4 设计洪水与调洪成果

7.4.1 设计洪水

石嘴山站的设计洪水成果见表 7-5。百年一遇设计洪峰流量为 6100m³/s；二千年一遇校核洪峰流量为 9100m³/s。海勃湾水利枢纽的设计洪水过程线见表 7-6。

表 7-5 石嘴山站设计洪水成果

项目	P=0.05%	P=0.5%	P=1%	P=2%	P=5%	P=20%
Q_m/（m³/s）	9100	6130	6100	5990	5620	4960

注：P 为概率，Q_m 为洪峰流量。

表 7-6 海勃湾水库设计洪水过程线   单位：m³/s

日期	P=0.05%	P=1%	P=5%	P=20%
7.10	6316	5020	4188	3353
7.11	5583	4430	3697	2971
7.12	5181	4109	3430	2749
7.13	5200	4130	3441	2759
7.14	5622	4461	3727	2991
7.15	5788	4595	3830	3071
7.16	5273	4181	3492	2799
7.17	5769	4575	3820	3061
7.18	5457	4326	3615	2900
7.19	5163	4099	3420	2739
7.20	5141	4212	3512	2820
7.21	6802	5258	4219	3142
7.22	6420	5351	4291	3192
7.23	6757	5972	4803	3575
7.24	6499	5796	5263	3917
7.25	6274	5713	5407	4370
7.26	6201	5693	5386	4683
7.27	6639	5817	5519	4960
7.28	7031	6100	5620	4904

续表

日期	P=0.05%	P=1%	P=5%	P=20%
7.29	6728	5951	5540	4511
7.30	9100	5641	5335	4370
7.31	7504	5537	5274	4270
8.1	7278	5465	5233	4149
8.2	7244	5465	5243	3877
8.3	7170	5382	5202	3474
8.4	6767	5237	5018	2961
8.5	6494	5247	5243	3122
8.6	6094	4989	4844	2729
8.7	5545	4906	3963	2487
8.8	5000	4885	3000	2336
8.9	5176	5123	2939	2356
8.10	5605	5134	3103	2487
8.11	5263	5092	2836	2276
8.12	5889	5661	3287	2638
8.13	6651	5465	3779	3031
8.14	5666	4409	3052	2447
8.15	5826	5268	3215	2578
8.16	6248	5268	3625	2910
8.17	5806	5185	3389	2719
8.18	5659	5103	3338	2669
8.19	5964	5434	3471	2779
8.20	7527	5517	4598	3686
8.21	6690	5206	4342	3484
8.22	6488	4388	3666	2940
8.23	5821	4099	3420	2739

7.4.2 调洪成果

洪水频率 P=0.05%、P=1%时两个洪水过程调洪计算结果见表 7-7。

表 7-7 调洪计算结果

项目	P=0.05%	P=1%
入库洪峰流量/（m³/s）	9100	6100
坝前最高水位/m	1073.39	1071.49
相应最大蓄量/亿 m³/s	0.36	0.20
最大下泄流量/（m³/s）	9100	6100

7.4.3 下游水位流量关系

海勃湾下游（坝下 200m 处）水位流量关系见表 7-8。

表 7-8 海勃湾下游（坝下 200m 处）水位流量关系

H/m	Q/（m³/s）	H/m	Q/（m³/s）
1064	62	1067.5	2060
1064.5	134	1068	2760
1065	222	1068.5	3770
1065.5	400	1069	5181
1066	640	1069.5	6826
1066.5	986	1070	8648
1067	1494	1070.5	10639

7.4.4 泄洪闸门运行方式

当来水流量大于 4 台机组发电所需的流量（1300m³/s）、小于设计洪水流量

（6100m³/s）时，泄洪闸应按来水情况进行不同孔数和不同开度组合运用，具体开启方式可根据现场具体情况、泄洪闸泄流能力和电站排沙孔泄流能力，参考模型试验提供的闸门合理运行方式制定。其中，模型试验提供的闸门合理运行方式见表 7-9。

表 7-9　海勃湾水利枢纽工程模型试验提供的合理运行方式

泄流工况	总泄量/（m³/s）	闸上水位/m	电站流量/（m³/s）	排沙孔流量/（m³/s）	泄洪闸流量/（m³/s）	闸门开启情况	闸门开启孔数/个	闸门开度/m	电站尾水渠水位/m（0+180m）	下游水位/m（1+200m）
两千年一遇（校核洪水）	9100	1073.46	0	0	9100	敞泄	16	全开	1070.00 定床 1071.06 动床	1069.65
百年一遇（设计洪水）	6100	1071.49	0	0	6100	敞泄	16	全开	1069.05 定床 1069.89 动床	1068.67
4—6月、10月发电	1673	1076	1273	400	0	0	0	0	1066.96	1066.2
	1273	1076	1273	0	0	0	0	0	1066.57	1065.85
7—9月汛期发电	1488	1074	1118	370	0	0	0	0	1066.79	1066.08
7—9月汛期排沙	2000	1071	0	0	2000	控泄	16	1.17	1066.78	1066.5
	2995	1069	0	165	2830	敞泄	16	全开	1067.64	1067.18
11—12月凌汛封河	650	1076	优先发电下泄650	0	电站停运时下泄650	间隔3孔	4	1.05	1065.57	1065.22
						间隔2孔	5	0.81		
						间隔1孔	6	0.66		
						间隔1孔	8	0.5		
翌年2—3月凌汛开河	400	1069	优先发电下泄400	0	电站停运时下泄400	间隔3孔	4	1.18	1065.41	1064.94
						间隔2孔	5	0.9		
						间隔1孔	6	0.73		

注：1．表中闸门开度只是根据模型试验的建议值提出的，实际运用中可适当调整。

2．表中电站尾水渠水位只是模型的试验值，应以实际运行水位为准。

3．实际运用中，排沙孔流量亦会有变化，可适当调整。

7.5 本 章 小 结

海勃湾水库开发的主要任务为防凌、发电等综合利用。水库总库容为 4.87 亿 m^3，相对于入库沙量并不大，水库拦沙能力有限，且水库应急防凌调度要求保持有效库容约 0.5～0.8 亿 m^3。因此，需长期保持一定有效库容，以满足水库应急防凌需求，同时兼顾发挥水库发电等综合效益，是拟定水库泄洪排沙运用方式的主要目标。

根据水库淤积变化计算结果，设计入库沙量在 1 亿 t 条件下，水库运用 5 年后剩余有效容约 2.2 亿 m^3，其后逐渐淤积，至运用 20 年以后剩余约 0.6 亿 m^3 有效库容并趋于平衡。考虑水库淤积过程及有效调节库容变化，可将水库运用分为拦沙期和正常运用期，其中，拦沙期又可细分为拦沙初期和拦沙后期。拦沙初期，主要为水库有效库容在 2.2 亿 m^3 以上，设计来沙条件下为水库运用的前 5 年，水库蓄水拦沙为主，充分发挥综合效益。拦沙后期主要为水库有效库容在 0.6～2.2 亿 m^3 之间，设计来沙条件下为水库运用的 5～20 年之间，水库蓄水拦沙为主，充分发挥综合效益。正常运用期主要为水库有效库容在 0.6 亿 m^3 及以下，设计来沙条件下为水库运用的 20 年以后，该阶段水库应加大排沙力度，以长期维持不小于 0.5 亿 m^3 防凌应急库容。

第8章　海勃湾水利枢纽运行管理与减灾措施

海勃湾水利枢纽成立防凌组织体系，组建临时指挥机构，在属地地方政府、水行政主管部门、水库管理部门的领导下开展防凌工作。防凌组织体系一般包括防凌指挥部、防凌办公室、运行操作组、应急抢险组、水情测报组、安全保卫组、后勤保障组、舆情控制组，按照"统一指挥，分级负责"的原则开展防凌工作。防凌组织指挥体系及职责符合《中华人民共和国防汛条例》（国务院令第 86 号）和《国家防汛抗旱应急预案》（国办函〔2022〕48 号）相关规定。

海勃湾水利枢纽制定"防凌调度运行方案"，明确凌汛期各阶段水位控制、下泄流量、应急库容、泄洪闸门及机组运行方式等内容。在汛期，其调度运用必须服从防凌指挥机构的统一指挥。制定"防凌度汛应急预案"时，将其上报水行政主管部门审批，确保应急预案应与大坝安全管理应急预案协调一致。

海勃湾水利枢纽配备具有相应业务水平的大坝安全管理人员，建立大坝定期安全检查、鉴定制度，定期组织对大坝进行安全检查和鉴定，及时整治大坝的安全隐患。在凌汛前对各类防凌设施组织检查，发现影响防凌安全的问题，应及时将问题和处理措施上报防凌指挥部和上级主管部门，并按照防汛指挥部的要求予以处理。

海勃湾水利枢纽建立防凌预警机制，明确响应级别和相应措施，发生险情时按照"防凌度汛应急预案"启动应急响应，开展防凌抢险应对工作。启动应急响应行动后，如险情超出本电站控制范围，应及时上报属地地方政府、水行政主管部门、水库管理部门，由上级指挥机构统一指挥抢险。水利枢纽保证水情传递、报警及与属地地方政府、水行政主管部门、水库管理部门之间联系通畅，并及时上报发现的隐患及险情信息。

发生危及大坝区域内工作人员人身安全时，应立即组织人员撤离至安全区域。发生危及水轮发电机组安全时，应立即停止机组运行。发生水工建筑物遭遇超标校核洪水、基础发生位移、出现贯穿性裂缝、出现大面积不明原因漏水、大坝稳定性破坏等原因导致无法正常挡水时，应开启泄洪闸门以快速降低库水位。

8.1　海勃湾水利枢纽防凌运行管理

8.1.1　凌汛前工作

海勃湾水利枢纽建设水情测报系统，提供实时雨水情信息数据支持。该系统利用上游水文站现时流量，结合区间支流现时流量，预测未来的水情，以满足防凌调度及水资源统一管理的需要。海勃湾水利枢纽明确专人负责与地方政府、水行政主管部门、水库管理部门联系，及时发布相关信息、预警及指令。海勃湾水利枢纽进行防凌重点部位识别，重点部位一般包括库区边坡、大坝、泄洪闸、电站厂房、柴油发电机组等。

海勃湾水利枢纽落实日常凌情监测及险情巡查工作，凌汛前应对防凌重点部位及设备进行检查，发现问题及时处理。工作人员凌汛前应检查厂房内各层及平台地漏、排水沟、排水涵、排水管、排水渠等排水设施畅通无堵塞，并检查检修排水泵、渗漏排水泵，确保它们随时可靠地投入运行；也要对机组进出口闸门、排沙洞闸门、泄洪闸门及其控制系统进行检查；试运行闸门防冻预热系统，确保其能正常工作；开展机组进水口专项清渣作业，通过将上游杂物引流至机组进水口清除，能有效减少河道内杂物积聚，降低河道卡冰结坝的风险，同时提高凌汛期发电水头，降低发电耗水率。

海勃湾水利枢纽的工作人员凌汛前应进行泄洪闸门启闭试验，集中消除试验过程中发现的问题，确保闸门能够可靠启闭；泄洪闸门应具备远程启动及监视功能，凌汛前应开展泄洪闸门远程启闭试验，确保能够远程启闭；应对泄洪闸上、下游进行检查，对影响过流的阻碍物进行清理，确保泄洪闸顺畅泄流；对应急电源柴油发电机组进行全面检查，开展集中维护消缺工作。柴油发电机组应具备远程启动功能，凌汛前应开展柴油发电机组远程启停试验，且其应具备足够的容量。凌汛前还应开展柴油发电机组带多孔泄洪闸门同时启闭试验。

海勃湾水利枢纽的工作人员凌汛前按照清单储备充足的防凌物资，并及时补充消耗；应签订破冰机械、工程抢险车辆协议，确保发生险情时迅速到达现场参与抢险；组织开展防凌度汛突发险情应急演练，检验各级人员应急响应情况、设备可靠性及物资是否充足。

8.1.2 凌汛期工作

海勃湾水利枢纽水情测报组应密切监视气温、水情、凌情变化趋势，及时观测冰情并做好图像文字记录，发现异常应立即上报防凌度汛办公室；随时关注当地气象部门气象预报信息，随时掌握凌情、雨情等信息；及时与上下游水文站沟通联系，收集、整理相关水情、冰情信息；加强凌情巡检，发现库区上下游出现冰塞、冰坝或冰压造成的机组拦污栅、泄洪闸门冰压力过大等情况时应及时上报防凌度汛办公室，防凌度汛办公室上报防凌度汛指挥部决策后发布预警。水情测报组应与当地政府防汛抗旱指挥部和水文气象部门密切联系，及时将凌情预警信息提供给防凌度汛办公室，防凌度汛办公室上报防凌度汛指挥部决策后发布。防凌度汛办公室按照防凌度汛指挥部要求，及时将险情信息上报地方政府防汛抗旱指挥部，随时报告事故的后续情况。

封河期、开河期流凌开始后，应重点关注机组进水口拦污排、拦污栅等设施，发现冰凌积聚时应尽快实施人工扰动破冰，防止冰压过大损坏拦污设施。封河期、开河期流凌开始后，冰凌随水流进入机组流道，冲击机组导叶、轮叶，应重点加强机组振动、摆度值监视及机组运行声音巡检，发现异常时及时采取措施。进入流凌封河期，应严格执行水库调度指令，保持机组过流量稳定，确保河道冰盖封河平稳。如发生凌汛灾害时，必须严格执行水库调度指令，按照要求控制机组过流量或停运机组。

泄洪闸门槽装设防冻装置，每孔弧门面板后应在冬季水位变化范围内铺设发热电缆，发热电缆具备自动分段加热功能。凌汛前应开展泄洪闸加热系统试验，确保加热效果达到设计要求。凌汛期冰盖形成前，将闸门自动加热系统投入，防止闸门与冰盖冻住。进入稳封期后，采取自动和手动控制泄洪闸门加热系统投退方式，可每周进行一次闸门逐孔的启闭，每次3～5分钟，防止闸门面板与冰盖冻住，同时将门槽两侧及底部冰层冲走，节省加热系统能耗。一般选择至少1/3的泄洪闸门自动投入加热系统，确保突发险情时闸门能够可靠开启。极冷天气时，低于-15℃后，值班人员应加强泄洪闸门巡检，每日试投加热装置，记录工作电流、温度变化等参数，确保加热装置随时正常投运。当发生险情，泄洪闸门加热系统不能满足融冰要求时，应立即投入快速融冰装置进行融冰处理，保证闸门正常开启。

泄洪闸门保证至少两路常规电源供电及一路应急电源供电，确保供电可靠。

柴油发电机组应每周进行启动试运行，每次不得低于15分钟。在封河期、开河期流凌开始后，分别在泄洪闸及机组进水口实施人工扰动。同时安排专人24小时监视流凌动态，发现险情立即报告采取人工破冰措施，保证水流畅通、水位平稳。

流凌期，根据流凌密度和流凌面积，在泄洪闸前实行人工扰动，减小闸墩卡冰的概率；流凌面积较大时，可使用吊车吊起重锤，也可先将冰块击碎再实施扰动和引流。根据凌情，人为控制泄洪闸门开启部位和高度，采取集中分流、增加流速等方式使冰凌顺利下泄,避免冰凌堆积形成冰坝。开河期,根据水情测报,可在流凌开始前先将泄洪闸下游冰块击碎,然后再将上游闸口附近的冰面击碎,小开度开启闸门利用水流的自然冲击力,使泄洪闸及下游附近的冰块自然融化和下泄,在泄洪闸上下游形成无冰区域,上游流凌开始后冰凌自然下泄,减少闸墩卡冰结坝的概率。机组进水口发生冰塞时,视现场情况选择采用检修门机或吊车扰动。

发现大坝出现裂缝时,立即组织人员对险情部位的裂缝进行监测,测量裂缝宽度、长度、漏水量等。防凌度汛指挥部根据测量结果和现场检查情况,进行讨论分析,制定处理方案。如果大坝裂缝漏水量严重,或坝体出现孔洞,决口造成大面积漏水、透水等,视情况紧急降低水位或放空水库进行彻底处理。可能发生垮坝事故时,运行操作人员应立即进行厂内预警,将机组全停、泄洪闸门全开,紧急降低水位或放空水库,发出警告通知所有生产人员紧急撤离。全体人员按应急撤离线路撤离到垮坝洪水影响以外的安全地带区域,安全保卫组组织人员向下游岸边群众喊话,通知群众撤离危险区域。

8.1.3 凌汛后工作

汛后开展水工建筑全面检查,重点检查水工建筑物的位移、变形等,特别是对行洪部位如消力池等要进行重点检查。对防凌设施进行一次全面的维护保养,确保设备设施可靠运行。对防凌物资使用情况进行统计,补充一批防凌物资。各专业组进行工作总结,形成年度防凌总结报告。对"防凌调度运行方案""防凌度汛应急预案"进行补充完善。

8.1.4 信息报告

发生险情后,获得信息人员迅速向电站当值人员报告险情信息,当班值长立即启动应急预案同时向防凌度汛办公室汇报。防凌度汛办公室应按照防凌度汛指挥部的指示要求，及时上报当地政府防汛抗旱指挥部，随时报告事故的后续情况。有人员伤亡时，指挥部在 15 分钟内向当地政府防汛抗旱指挥部和应急管理局报告。信息报告应包括以下内容：事件类型、发生时间、地点，事件原因、性质、范围、严重程度，事件已造成的影响和发展趋势，报告人姓名、部门及通信电话。

8.2 海勃湾水利枢纽防凌应急响应

8.2.1 凌汛危险事件类型及其危害

1. 类型

黄河上游宁夏河段释放的冰凌在库区形成冰坝或大型冰块，造成对水工建筑物的冲击，破坏枢纽大坝的稳定性。上游电站发生水库垮坝时，因入库流量超过设计标准或水库突然淤积，将导致库水位异常升高，破坏枢纽大坝稳定性，甚至洪水漫坝等后果。开河期，枢纽大坝下游发生凌灾或堤坝决口的情况，受水利部黄河水利委员会（简称黄委）调度需要紧急拦蓄，枢纽大坝超载运行，将导致漫坝或溃坝的危险。因厂用电故障、电网瘫痪、柴油发电机故障或其他原因导致全厂停电时，泄洪闸门将无法开启，将导致库水位异常升高、破坏土石坝稳定性甚至垮坝危险等后果。冰坝或大型冰块堵塞多孔泄洪闸门进水口，致使泄洪闸门泄水不畅或无法操作。枢纽大坝附近发生强烈地震，枢纽大坝坝体或其基础局部破坏严重，或基础发生过大、变位等其他可能，导致垮坝的异常情况出现。由于恐怖事件、大体积漂浮物等原因对枢纽大坝造成损坏及溃决破坏。

2. 预兆

上游发生水库垮坝、溃坝等灾害，可能造成来水流量达到超标洪水的值。黄委发布的洪水预警信息接近或达到超标洪水。闸门泄洪达不到泄洪要求或 16 孔泄洪闸门故障，容易造成坝体严重位移、沉降、开裂、变形等情况。

3. 危害

（1）水坝漫坝、垮坝事故。水坝漫坝、垮坝事故可能导致水淹厂房造成设备损坏、威胁下游人民生命财产安全等严重后果，可能造成社会恐慌。

（2）水工建筑物损毁事故。水工建筑物损毁事故指因冰坝或大型冰块对水工建筑物的冲击，造成水工建筑物基础性破坏或泄洪闸门变形。

8.2.2　监测预警

1. 凌情监测

水情测报组负责凌汛期预报信息，随时关注当地气象部门气象预报信息，随时掌握汛情、雨情等信息；及时与上下游水文站沟通联系，负责收集相关水情、冰情信息的情况。水情测报组收集到有关信息后应及时上报（电话、传真）防凌度汛办公室，由办公室统一处理并上报防凌度汛指挥部，Ⅱ级及以上凌情预警由防凌度汛指挥部统一上报乌海市防汛抗旱指挥部。各专项工作组在应急期间应加强相互信息交流和沟通，确保防凌度汛信息工作的迅捷性、有效性。

2. 凌情预警

水情测报组及时与市防凌度汛办公室和水文气象部门联系，密切监视气温、水情、凌情变化趋势，获得径流、凌情滚动预报；及时观测冰情，并将冰情预警信息上报防凌度汛办公室。在市防汛抗旱指挥部统一指挥协调下，建立防凌度汛预警协调机制，层层落实防凌责任。内蒙古大唐国际海勃湾水利枢纽开发有限公司防凌度汛办公室将发布预警信息。

8.2.3 各级应急响应的启动

1. 预警级别划分

黄河海勃湾水利枢纽防凌度汛应急预警分三级,黄河防凌度汛由轻到重分为Ⅲ、Ⅱ、Ⅰ级,由防凌度汛指挥部确定。

(1)Ⅲ级。当黄河海勃湾水利枢纽上游库区河段凌汛期发生泄洪,闸门3~5孔(含5孔)无法启闭;闸门加热系统故障;机组进水口出现壅冰;坝体出现明显渗水及轻微裂纹,发生上述任一项,由防凌度汛办公室发布防凌度汛Ⅲ级预警。

(2)Ⅱ级。当黄河海勃湾水利枢纽上游库区河段凌汛期发生泄洪闸门6~8孔(含8孔)无法启闭;泄洪闸三路电源中有两路电源失电;电站坝体前方形成冰坝或大型冰块危及坝体安全;机组进水口出现严重壅冰危及拦污栅安全;泄洪闸门泄水孔因卡冰不能敞泄,发生上述任一项,由防凌度汛办公室发布防凌度汛Ⅱ级预警。

(3)Ⅰ级。当黄河海勃湾水利枢纽上游库区河段凌汛期发生泄洪,闸门9孔以上无法启闭;全厂失电;地震及外力造成挡水建筑物出现贯穿性裂缝、漏水、集中渗流、孔洞决口等;上游大中型水电站发生垮坝;发生上述任一项,由防凌度汛办公室发布防凌度汛Ⅰ级预警。

2. 应急响应

黄河海勃湾水利枢纽防凌度汛应急响应分三级。启动应急预案后,相应的应急专项工作组按所确定的响应级别进行应急行动,成立现场指挥部,开展救助、抢险等有关应急救援工作。

(1)Ⅲ级预警发布后,由当班值长启动应急预案,负责组织应急抢险组对故障泄洪闸门或闸门加热装置进行抢修;机组进水口出现壅冰时,采用门机液压抓斗进行人工干预，减少壅冰影响；应急抢险组组织对渗水部位进行处理，对坝体渗水、裂纹进行观测、处置，对泄洪闸门进行检查、修复；启动"内蒙古大唐国际海勃湾水利枢纽开发有限公司水坝垮坝事故应急预案"Ⅳ级响应，由当班值长将抢修情况及时上报防凌度汛办公室，防凌度汛办公室将情况及时上报防凌度汛指挥部。

（2）Ⅱ级预警发布后，当班值长应进行及时处置并将情况上报防凌度汛办公室，由防凌度汛办公室上报防凌度汛指挥部，经总指挥批准后启动应急预案，并上报乌海市防汛抗旱指挥部，并负责组织各应急抢险工作组到位，由应急抢险组组长指挥应急抢险组对故障泄洪闸门进行抢修；机组进水口出现严重壅冰时，当班值长降低相应机组出力，开启泄洪闸门进行引流排冰，减少机组段来冰压力，同时采用门机液压抓斗进行人工干预；电站坝体冰坝或大型冰块危及坝体安全时，应及时调整泄洪闸门开度进行引流，避免冰坝或大型冰块直接冲击机组拦污栅或泄洪闸门，同时使用破冰锤进行破冰抢险；泄洪闸门泄水孔因卡冰不能敞泄或闸门操作时，应及时使用破冰设备进行破冰，消除卡冰情况；启动"内蒙古大唐国际海勃湾水利枢纽开发有限公司全厂停电事故应急预案"Ⅱ级响应，启动"内蒙古大唐国际海勃湾水利枢纽开发有限公司水坝垮坝事故应急预案"Ⅲ级响应；防凌度汛办公室上报防凌度汛指挥部。

（3）Ⅰ级预警发布后，由当班值长及时开启泄洪闸门敞泄并将情况上报防凌度汛办公室，由防凌度汛办公室上报防凌度汛指挥部，经总指挥批准后启动应急预案，并上报乌海市防汛抗旱指挥部，并负责组织各应急专项工作组到位；水情测报组加密大坝巡视检查、加强大坝观测数据分析，及时向指挥部汇报大坝安全稳定情况；应急抢险组组织人员对泄洪闸门故障或坝体裂缝、漏水、孔洞决口等险情进行排除；当上游库区回水末端出现严重凌情时，随时降低库水位运用；当下游尾水出现卡冰结坝或决口时，按照上级调令实时控制下泄流量，减轻下游凌灾压力；启动"内蒙古大唐国际海勃湾水利枢纽开发有限公司全厂停电事故应急预案"Ⅰ级响应，启动"内蒙古大唐国际海勃湾水利枢纽开发有限公司水坝垮坝事故应急预案"Ⅱ级响应；当班值长将抢修情况及时上报防凌度汛办公室，防凌度汛办公室上报防凌度汛指挥部。

3. 枢纽大坝垮坝事故已经发生的处置措施

防凌度汛指挥部立即启动电厂垮坝事故应急预案，当班值长同时启动厂房内部报警系统（消防广播），发出警告通知泄洪闸及厂内作业人员紧急撤离。安全保卫组组织人员向下游岸边群众喊话，通知其撤离危险区域。

应急抢险组立即开展应急抢险及救援工作，防凌度汛指挥部通知乌海市防凌度汛办、枢纽管理局，由政府相关部门向社会发布事故信息，说明危害程度、紧急程度和发展态势。

运行值长根据灾情和安全情况，按照"泄洪闸门操作规程"开启16孔泄洪闸门泄水，开启闸门前严格执行泄洪闸泄洪预警喊话；报告调度中心，立即停机，并将设备停电。

安全保卫组设立危险区域警示标志，派人员进行巡视。若有人员遇险，应立即组织人员开展搜救工作。同时要着手收集垮坝事故资料。

4. 可能发生垮坝事故的处置措施

防凌度汛指挥部应尽快了解情况，在分析可能垮坝的形式和时间的基础上决定以下事项。

（1）当危及大坝区域内工作人员人身安全时，应立即组织工作人员撤离至安全区域。

（2）当垮坝导致水淹厂房危及发电机组安全时，应立即停止全部机组运行。

（3）当出现水工建筑物严重错位、超标校核洪水、基础位移、出现贯穿性裂缝、出现大面积不明原因漏水、大坝稳定性破坏等原因导致无法正常挡水时，应开启泄洪闸门以快速降低库水位。

（4）当厂房、大坝排水系统（设备）、厂用电故障、电网瘫痪或其他原因导致全厂停电时，或泄洪闸门未及时开启，导致库水位异常升高，破坏土石坝稳定性甚至垮坝等。此时应尽快撤离。

（5）水电站大坝附近发生强烈地震，大坝坝体或其基础局部破坏严重，或基础发生过大变位等其他可能导致垮坝的异常情况出现。此时应尽快撤离。

（6）大坝基础形态严重恶化，大坝抗滑稳定能力大幅度降低。此时应尽快撤离。

（7）水电厂大坝或基础位移突然增大，出现贯穿性裂缝，或出现大面积不明原因漏水。此时应尽快撤离。

（8）泄洪时大坝下游基础淘刷严重，影响坝体安全，继续泄洪将危及大坝安全。此时应尽快撤离。

（9）上游水电厂大坝已发生垮坝事故，溃坝洪水危及本水电厂大坝安全。此时应尽快撤离。

电厂垮坝事故即将发生时，应做出如下反应。当值班长立即进行厂内预警，全体人员迅速按应急撤离线路和通道撤离到垮坝洪水影响以外的安全地带区域，安全保卫组组织人员向下游岸边群众喊话，通知其撤离危险区域。运行抢险组立即开展应急抢险和救援工作，防凌度汛指挥部应在 15 分钟内上报乌海市防凌度汛办、枢纽管理局，由政府相关部门向社会发布事故信息，说明危害程度、紧急程度和发展态势。

5. 其他处置措施

当挡水建筑物出现严重裂缝、漏水、集中渗流、孔洞决口等并不断扩大威胁枢纽大坝安全时的其他外置措施有以下几种。

（1）防凌度汛指挥部立即组织人员对险情部位裂缝进行监测，测量裂缝宽度、长度，如裂缝为漏水裂缝需测量其漏水量。

（2）根据测量结果和现场检查情况，进行讨论、分析，制定处理方案。

（3）如果裂缝漏水量严重，或出现坝体孔洞、决口造成大面积漏水、透水等，需用沙袋将该段或部位进行全面封堵，再用混凝土浇筑或碎石填埋等手段临时封堵，再根据实际情况决定是否降低水位或放空水库，进行彻底处理。

8.3　海勃湾水利枢纽防凌应急措施

中华人民共和国成立以来，黄河两岸人民对凌汛危害采取了多种有力措施，主要有"防、蓄、分、排"4种。"防"是指组织强大的防凌汛队伍，防守大堤、抗御凌洪，一旦发现险情立即进行抢护，确保大堤安全。"蓄"是指把上游来水蓄起来，使上游在解冻前来水小，河槽蓄水少，则不至于造成水位上升，鼓开冰盖，产生灾害。"分"是指利用沿黄河的分洪工程和洪闸，分泄凌水，减轻大堤的压力。"排"是指在容易形成卡冰的狭窄河段，炸碎冰盖，打通冰道，使上游来冰顺利下排，在冰坝形成且威胁堤防安全时，及时用飞机、大炮和炸药等炸毁冰坝。黄河凌汛的演变过程十分复杂，而且变化非常迅速，现有措施主要有工程措施防凌、非工程措施防凌、爆破防凌等。

8.3.1　工程措施防凌

传统的工程措施主要包括修筑堤防工程防凌、沿黄河两岸涵闸分水防凌、水库调度防凌等。

1. 修筑堤防工程防凌

修筑堤防工程防凌是黄河宁蒙河段凌汛防御的主要措施，发挥着不可替代的重要作用。但是，黄河宁蒙河段青铜峡以下除石嘴山峡谷以外，均为冲击性平原河道，绵延近1000km，修防难度大。龙羊峡水库、刘家峡水库等大型水库修建后，水量实行统一调度，水量分配时空分布发生了根本性变化，下泄流量得到控制，足以冲刷河床的流量难以出现，输沙失去平衡，河床逐年淤积抬高，中小水漫滩的河段比比皆是，使堤防工程防御灾害的风险增加。另外，沿河两岸广大百姓在防洪堤内，围垦造田，修筑了大量的生产堤，使河道过流能力降低，这同样增加了凌汛灾害发生的风险。同时由于河道长而沿途境况复杂，水位上涨时，险工、险段、涵口、引水口仍存在很大灾患。因此，就修筑堤防工程而言，虽然做了大量的工作，但仅靠堤防工程防御凌汛灾害的发生还远远不够。

2. 沿黄河两岸涵闸分水防凌

利用沿黄河两岸涵闸分水，减少河槽蓄水量来减轻凌洪威胁。这种措施在"文开河"时可起到重要的作用，但由于"武开河"的开河速度加快，封冻期间所蓄的槽蓄水量迅速下泄，分凌效率较低。如 2008 年 3 月中旬，三湖河口水文站水位接连刷新该站建站以来的最高纪录，至 20 日 2 时 30 分达到 1021.22m，相应流量 1640m³/s，较往年历史最高水位 1020.81m 高出了 0.41m，该站附近滩地漫滩进水，严重威胁着两岸百姓的生命财产安全。

3. 水库调度防凌

水库调度防凌是通过调节水量，改变下游河道的水力条件，形成正常的顺次开河形势，从而避免凌灾发生。龙羊峡水库、刘家峡水库主要承担宁蒙河段的防凌任务，三门峡水库、小浪底水库主要承担下游段的防凌任务。防凌调度运用方式是根据凌汛期气象、来水情况及冰情特点，按照发电、引水服从防凌的原则，实行全程调节，具体调度实施方案如下。

（1）流凌封河期按下游封河安全流量控泄，尽量使河槽推迟封冻或封冻冰盖下保持较大的过流能力。由于在此期间容易发生几封几开现象，因此水库控制泄流量不宜太小也不宜太大，既要防止小流量封河时过流能力减少或后期来水量大产生几封几开、层冰层水的现象，也要防止大流量封河产生冰塞灾害。

（2）稳定封冻期水库下泄流量保持平稳，或缓慢减小，确保流量过程的平稳下泄，避免流量急剧变化，造成下游河道提前开河及槽蓄水量大幅增加。

（3）开河期加强控制泄流，减少槽蓄水增量，以期形成"文开河"局面。黄河宁夏、内蒙古河段封开河情势是封河为自下而上，开河为自上而下。当河段上游开河时，槽蓄水增量大量释放，同时伴随着凌峰出现。凌峰的出现加快了开河的速度，凌峰也会沿程递增、滚动加大，以致造成冰凌的严重堆积、堵塞河道、抬高水位。

但是，由于黄河的冰凌形成受多种要素影响，承担防凌水量控制的水库与封冻河段距离较远，水量控制不当又会加剧冰凌的成灾速度，水库存量也是制约调节流量的重要因素。因此，采取水量的调度和控制在某种意义上只能起到辅助排凌的作用。

8.3.2 非工程措施防凌

非工程措施防凌主要采取监测、组织机构协调、信息传递、人员疏散等办法，在一定意义上只能降低灾情、减少损失。

为了防止冰凌灾害的发生，经过长期的发展和完善，对冰凌、冰塞、冰排和冰坝等实施爆破已成为一种疏通河道的有效抢险方法。

在黄河凌汛期，传统的爆炸破冰技术一般有以下几种。

（1）人工小规模爆破排凌。封河和开河凌汛期，在跨河的工程建筑物（如铁路桥和公路桥）周围，为阻止桥墩周围结冰，经常组织人工小规模施爆，以防止建筑物周围冰盖的形成。这种方法的缺点是耗时长、工效低且安全性差。

（2）空中投弹爆破排凌。出现卡冰结坝时，通过空军飞机投弹轰炸冰坝成为冰坝爆破的主要手段之一，在防凌抢险中起到了积极作用。

空投炸弹爆破冰坝存在以下缺点。首先，从军用角度方面，炸弹本身是通过触及引信引爆，使用弹片飞射和爆轰冲击作为杀伤摧毁目标，不是用于破冰的。对于冰凌介质不宜于用金属爆片轰炸，军用炸弹用于破冰排凌，其爆轰力及弹片大多向上凌空辐射，效率低，危险，且对破冰的施力也不科学。其次，军用炸弹投弹范围宽，飞机投弹破冰过程中，航弹爆炸产生的高速弹片严重威胁周边环境、建筑物、居民及附近电力水利设施的安全，重磅炸弹将严重损坏河床，改变河道，给爆后的清理和善后工作造成极大的麻烦。在河道狭窄、拐弯以及在水工建筑物附近等冰坝极易形成之处，均很难实施准确的空中投弹作业。再次，空中投弹破冰排凌，只能在卡冰结坝后进行，而不能在凌坝形成的初期阶段实施爆破，属于被动防御，而且这种方法常常受到风向等气候条件、昼夜时间和地面地形条件的限制。一旦抢险不及时，就很容易在短时间内造成水灾。最后，启用空军投弹程序复杂、成本高。

（3）迫击炮破冰排凌。利用军队使用迫击炮辅助破冰也是传统的破冰方法之一。但由于药量小，且为接触性爆炸，爆炸时弹片飞射，能量利用率低，机动性差，哑弹、跳弹时危险性大，往往收效不佳。

（4）火炮轰冰面可控爆破排凌。通过在黄河两岸河堤上使用迫击炮发射重磅高能破冰弹，进入冰层以下一定深度延时起爆可以起到较好的效果。但这种爆破技术属于军事爆破手段，由于弹体不具有穿冰能力，耗能较大，且弹身尾翼处应力较大。同时，装药量大且是一个定值，在灵活性、高效性和安全性等方面不具有现代冰凌灾害主动防御技术的特点。

综上所述，黄河的冰凌灾害是影响沿岸广大人民群众生命财产安全的重大灾害之一，它的形成和发生具有频发性和随机性的特点。传统冰凌防灾技术的综合应用在以往的黄河冰凌抗灾减灾中发挥了重要作用，也取得了显著的效果。但均不具备主动防御的特点，并且在灵活性、安全性等方面存在明显的不足和局限。就爆破技术而言，采用飞机投弹破冰排凌，炸弹本身的飞射弹片经常会严重威胁周边环境及附近人员和水利电力设施的安全。重磅炸弹又会严重损坏河床、改变河道，且飞机高空投弹缺乏高效性、准确性，属于无控爆破，为其善后工作造成极大的麻烦。启用军队机制的启动时期长，机动性受到程序、备战期、气象及昼夜时间的约束。使用迫击炮辅以破冰，由于药量小，且为接触性爆炸，能量利用率低、收效不佳；人工局部爆破工效低、安全性差；尽管以上措施有"主动"的意愿与相应的工程措施，但实质上仍是被动防御。因为直接致灾的因素是冰塞、冰坝，而冰塞、冰坝往往不可避免，主动防御要体现在"防止冰塞、冰坝的形成"，将其消灭在萌芽状态。若一旦形成，就要快速、机动、安全、有效地解除掉，这才是真正意义上的"主动防御"。也就是说，"主动防御"要体现在预测、预警基础上，不等冰塞、冰坝形成就立即实施防御，而不是出现灾情时再防。

8.3.3　专用破冰器材研发

1. 火箭聚能破冰器

火箭聚能破冰器在岸上或运载平台上发射，可摧毁远距离的冰塞、冰坝。在冰塞、冰坝形成之前，破除大块流凌；在形成冰塞、冰坝之际，快速、机动、灵活地破除，疏通冰凌洪水通道，防止灾害的发生。火箭聚能破冰器主要包括破冰弹、发射器和控制器三个部分。第一部分破冰弹为两级爆炸破冰结构：一级为冰层进行穿孔结构，二级为对冰层进行爆破结构。第二部分发射器为分装式结构，由高低压发射装置和发射架组成。破冰弹密封在发射器内，破冰弹的尾端紧固连接在发射器的高低压发射装置上。高低压发射装置为储存、运输和发射一体式结构，固定在发射架上。第三部分控制器通过导线连接数个发射器，控制器控制数个发射器按时序发射破冰弹，使破冰弹在冰面形成线状炸点。

在黄河的凌汛期，冰凌洪水通常发生在河流水面纵比降由陡变缓的河段，当大量的流凌在此河段下泄时，可能会阻塞河道，出现卡冰结坝，引起水位上升。

当出现冰塞、冰坝时，需要在 2 小时内破冰排凌，否则很快会出现洪水泛滥。针对上述情况，在总结以往理论和技术经验的基础上，根据爆炸力学和弹药设计学原理，人们研发了火箭聚能破冰器。该破冰器具有机动快速、高效安全、可靠、省力、廉价、危害小、后患少、携带方便等特点，能够快速、安全、高效地破除冰塞及冰坝，从而实现真正意义上的"变被动减灾为主动预防，变传统模式为现代技术"的目标，对黄河及其他北方河流的破冰排凌有着非常重要的意义。

（1）结构组成。火箭聚能破冰器由发射架和发射筒组成。发射筒为一次性使用，其既是发射管也是包装筒，由高低压发射系统和破冰体组成。破冰体由聚能穿孔装置、随进破冰爆炸装置、飞行稳定机构等组成。

发射架可重复发射，由座钣组件、调节支架组件和简易瞄准装置组成。它采用驻锄原理及刚性支撑结构设计，利用底座及支架固定发射筒，实现驻地发射，提高发射稳定性。同时，发射架具有方向瞄准、射角调节功能。

高低压发射装置采用电点火发射方式，能够实现单管发射和多管齐射。高压室内装发射药，点火后，发射药气体进入低压室推动破冰体运动。高低压发射提高了发射药的能量利用率。

破冰体采用两级串联装药结构：前级为聚能穿孔装置，后级为随进破冰爆炸装置。当破冰体碰击冰层目标时，引信会起爆聚能穿孔装置，对冰层穿孔。同时，通过传爆体传爆，启动延期起爆体的延时功能。随进破冰爆炸装置在惯性作用下，沿冰层的透孔进入水中一定深度后，延期起爆体的延时结束，引爆随进破冰爆炸装置的主装药，破碎冰层。

（2）操作流程及工作原理。打开包装箱，架设发射架；将发射筒尾部与座钣连接，锁紧身管管箍，摇动高低机手柄；将发射架射角调整至设定值；将控制箱的引线插入发射筒尾部的插座；操作人员通过控制箱设置点火时序并按时序点火发射。在发射惯性的作用下，引信解除第一道保险，破冰体离开发射管口后，尾翼在弹簧的作用下展开到位并锁定。在空气阻力作用下解除第二道保险，引爆前级聚能穿孔装置在冰层中穿出透孔。聚能穿孔装置的爆轰波同时引爆传爆体，延期起爆体开始延时，随进破冰爆炸装置继续向下沿孔洞进入冰层，延时结束后随进破冰爆炸装置到达冰层下的预定位置爆炸。

（3）主要性能指标。

1）最大射程为550m，能够可靠穿透厚度为1200mm的冰层，在冰层下1.5～1.8m的水中爆炸后，破碎冰层直径不小于7000mm。

2）器材正常作用的可靠率不小于95%。

3）爆破冰层时不产生金属破片，且非金属复合材料壳体破片的飞散距离不大于50m。

4）有效射程为300～500m。

5）器材在生产、运输、储存、发射及使用等方面安全且不会发生误爆。

6）便于单人携行且操作简便、快捷。

7）破冰器设置时间不大于180s。

8）环境适应温度为-45～50℃。

9）有效储存期不少于10年。

（4）特点。除具有聚能随进破冰器直列破冰所具有的安全、可靠、重量轻、装药小、破冰面积大、环境适应性强等特点外，最显著的特点是可在岸上和跨河建筑物上发射，机动性强，不受环境（比如跨河建筑物、岸边建筑设施等）、地形等制约，可弥补飞机、大炮的不足。

（5）应用前景。采用聚能装药穿孔及随进装药技术研制的冰盖（冰塞）、流凌和冰坝爆破专用器材与传统爆破排凌器材相比，其解决了人工爆破排凌的作业时间长、效率低及安全性差，飞机空投航弹或用火炮炮击排凌受气象及地理环境制约、安全隐患大、资源浪费大、危害范围广、准确性差、爆破后遗症多等难题，具有安全可靠、机动快速、操作简便、不受环境制约和便于单兵携行等优点。该专用破冰器材装备部队后，可有效提高破冰作业的速度和效率，也将大大提高工程部队非战争军事行动能力和地方防凌分队的应急处置能力，并具有显著的军事效益、经济效益和社会效益。

2. 聚能随进破冰机

致灾的冰凌按形态可分为冰盖、冰塞、冰坝。冰盖是黄河封冻期在河面上冻结的具有一定厚度的冰体，冰盖的膨胀作用会对河道水利工程设施和两岸的建筑物造成破坏。目前，克服冰盖膨胀作用的方法通常是在冰盖上，沿河流纵向用人工爆破方法开设一定宽度的裂缝，消除膨胀作用。冰塞、冰坝是翌年黄河凌汛期由于气温上升导致冰盖开始融化，上游先解冻的河段会产生大量的流凌，这些流凌容易阻塞河道，形成冰塞、冰坝，造成泛滥，需要迅速摧毁。传统的方法：在冰塞、冰坝形成后，调用以飞机、大炮为主的应急破冰措施，辅以其他人工作业措施。但目前由于凌灾的突发性、随机性，这种破冰技术，周期相对较长、机动灵活性差、成本高、安全性差。

为解决以上技术问题，人们研发一种聚能随进破冰器。该破冰器是能够迅速设置在冰盖、冰塞、冰坝上，并利用爆炸能量快速消除冰盖的膨胀作用，摧毁冰塞、冰坝的专用爆破器材。该破冰器将传统人工爆破方法的造孔、布药、水下装药、连线起爆等工序合并为一道工序。这种方法具有破冰效果好、劳动强度低、危害范围小、机动快速、携带方便、安全可靠、费用低、后患小的特点，对黄河及其他北方河流的破冰减灾有着非常重要的意义。

聚能随进破冰器的用途是开辟冰盖，疏通主河道的过流通道。其操作方法：确需破冰时，人员在可以行走的冰盖上，根据破冰需要设计布设一组聚能随进破冰器，可以在主河槽开设冰渠，疏通河道，提高流冰能力。在冰塞、冰坝形成之前，采取主动防御策略，疏通冰凌洪水通道，预防冰塞冰坝的形成及灾害的发生。

（1）概述。聚能随进破冰器，是集存储、运输、发射、破冰功能于一体的两级爆炸破冰结构：一级为聚能穿孔装置，二级为随进破冰装置。一级爆炸破冰结构是具有引信起爆后形成高速动能弹丸对冰层进行穿孔的聚能穿孔装置；二级爆炸破冰结构是具有在推进装置推力作用下，沿聚能穿孔装置穿出的孔道进入冰层下的水中，对冰层进行爆破的随进破冰装置。第一部分聚能穿孔装置通过传爆装置与第二部分随进破冰装置相连，第二部分随进破冰装置尾端嵌入第三部分。该器材的连接筒外的中部设置有支架。

（2）结构组成。聚能随进破冰器结构主要由聚能穿孔装置、随进破冰爆炸装置、连接筒和支架等组成。

1）聚能穿孔装置。聚能穿孔装置由聚能装药及引信组成。当手动解除引信的第一道保险后，随进破冰爆炸装置会撞击穿孔装置引信的撞击销，从而解除引信的第二道保险，并起爆聚能穿孔装置，对冰层穿孔。

2）随进破冰爆炸装置。随进破冰爆炸装置由随进主装药、推进装置及延期起爆体等组成。推进装置推动随进破冰爆炸装置沿连接筒向冰层表面运动，到冰层表面时聚能穿孔装置爆炸对冰层穿孔。同时，延期起爆装置开始延时，推进装置继续工作使随进破冰爆炸装置沿冰层的通道进入水下一定深度后，延时结束。延期起爆体起爆，随进破冰爆炸装置的主装药破碎冰层。

3）连接筒。连接筒采用玻璃丝布卷制成型，内装聚能穿孔装置和随进破冰爆炸装置，它既是包装筒，又是两级爆炸装置的定向器，具有防潮功能。

4）支架。支架固定连接在连接筒上，平时处于收拢保险状态，使用时打开支架，调整支腿长度并紧固。

（3）操作流程及工作原理。打开支架，拧开锁紧螺钉，将支架张开至极限位置，调节支腿长度，保证聚能随进破冰器平稳地竖直放置在冰面上，再拧紧锁紧螺钉；抽出保险销，解除第一道保险；将推进装置的点火插头插到遥控起爆器的点火线路上，人员随即撤离至安全距离，进行遥控起爆。推进装置点火，点燃推进剂。当推进装置达到一定推力时，剪断随进破冰爆炸装置的固定销，使其加速向冰面运动。当随进破冰爆炸装置运动至一定位置时，撞击聚能穿孔装置引信的撞击销，聚能穿孔装置引信解除第二道保险，并引爆聚能穿孔装置，对冰层进行穿孔，同时引爆传爆体，延时起爆体开始工作；随进破冰爆炸装置在推进装置推力的作用下继续沿冰层孔道，克服冰水的阻力，运动至冰层以下 1.5～1.8m 处，此时延时起爆体达到延期时间，并引爆随进破冰爆炸装置，使主装药在水下爆炸，达到消除冰层内部应力或炸除冰塞、冰坝，疏通过流河道的目的。

（4）主要性能指标。

1）能够可靠穿透厚度为 1500mm 的冰层，在冰层下 1.8m 的水中爆炸后，破碎冰层直径不小于 8000mm。

2）器材正常作用可靠率不小于 95%。

3）爆破冰层时不产生金属破片，且非金属复合材料壳体破片的飞散距离不大于 50m。

4）器材在生产、运输、贮存、使用等方面安全且不发生误爆。

5）便于单人携行且操作简便、快捷。

6）破冰器设置时间不长于 120s。

7）环境适应温度为-45～50℃。

8）有效储存期不少于 10 年。

（5）特点。

1）装药量小、破冰威力大。破冰面积大，能量利用率高。

2）安全性和可靠性高。器材具有双套保险装置，确保了储存、运输的安全；该器材具有的双套传爆装置也确保了起爆炸的可靠性能。

3）不产生二次杀伤破片。连接筒和支架采用非金属材料制成，爆破冰层时不产生金属破片，且非金属复合材料壳体破片的飞散距离不大于 50m。

4）器材重量轻，便于携带前行。在满足强度的条件下，器材结构大量采用轻质高强非金属材料，减少器材结构尺寸和重量。

5）布设速度快、操作简单快捷。器材直立架设和支腿展开过程简单，两人作业时间不高于 2 分钟。此外，也可借助气垫船快速进行多发布设，并实现远距离遥控点火起爆。

6）环境适应性强，器材耐高低温。该器材的环境适应温度为-45～50℃，有效储存期不少于 10 年，可满足我国绝大部分地区的需求。

8.4 本 章 小 结

综上所述：按照凌汛前、凌汛期、凌汛后强化运行管理是确保防凌安全的日常保障措施；同时，防凌期应加强防凌期监测预警，发现险情及时按照流程处置。在常规防凌应急措施的基础上，进一步探索专用的防凌器材设施，将有效提升防凌应急处置能力。

附　　录

黄河海勃湾水利枢纽工程特性见附表 1-1。

附表 1-1　黄河海勃湾水利枢纽工程特性

序号	名称			参数	备注
一	水文	流域面积	全流域	795000km²	
			坝址以上	312400km²	
		利用的水文系列年限		86 年	
		多年平均坝址径流		236.4 亿 m³	
		代表性流量	实测最大流量	5660m³/s	实测日期1981年 9 月 20 日
			调查历史最大流量	8010m³/s	1904 年，青铜峡段
			设计洪峰流量（P=1%）	6100m³/s	
			校核洪峰流量（P=0.05%）	9100m³/s	
			施工导流流量（P=5%）	4000m³/s	
		洪量	实测最大洪量（15 天）	66.16 亿 m³	实测日期 1981 年
			设计洪水洪量（15 天）	72.06 亿 m³	
			校核洪水洪量（15 天）	88.93 亿 m³	
		泥沙	多年平均悬移质年输沙量	9900 万 t	
			多年平均含沙量	3.5kg/m³	

续表

序号	名称			参数	备注
二	工程规模	水库	水库特征水位	校核洪水位	1073.46m	
				设计洪水位	1071.49m	
				正常蓄水位	1076m	
				汛限发电低水位	1071m	
				汛限发电低水位	1074m	
				死水位	1069m	
			水库库容	总库容	4.87 亿 m³	
				调节库容	1.82 亿 m³	淤积 10 年
				调节库容	0.91 亿 m³	淤积 20 年
				死库容	0.44 亿 m³	原始情况
			下泄流量及下游水位	设计洪水下泄流量	6100m³/s	
				相应的下游水位（设计洪水）	1069.28m	
				校核洪水下泄流量	9100m³/s	
				相应的下游水位（校核洪水）	1070.11m	
		电站	装机总容量		90MW	
			平均发电量		3.817 亿 kW·h	
			年利用小时数		4241h	
三	主要建筑物	挡水建筑物 坝型：碾压式黏土心墙土石坝 地基特性：细砂/砂砾石地基	地震基本烈度		8 度	
			坝顶高程		1078.7m	
			最大坝高		16.2m	
			坝顶长度		6906m	
		泄水建筑物 型式：平底板宽顶堰 地基特性：细砂/砂砾石地基	堰顶高程		1065m	
			闸孔尺寸（宽×高）		14m×11m	
			孔数		16 孔	
			设计泄洪流量		6100m³/s	
			校核泄洪流量		9100m³/s	

序号	名称			参数	备注
三	主要建筑物	电站厂房 型式：河床式电站		厂房尺寸（长×宽×高）	137m×24m×22.4m	
				机组安装高程	1056.5m	
		主要机电设备	水轮机	台数	4 台	
				型号	GZ893-WP-635	
				额定出力	23.2MW	
			发电机	台数	4 台	
				型号	SFWG22.5-80/7650	
				额定功率	22.5MW	

参 考 文 献

[1] 焦婷丽, 邴建平, 汪飞, 等. 鄱阳湖水利枢纽工程施工和运行对湖区及尾闾洪水动力的影响[J]. 湖泊科学, 2024, 36（1）: 308-319.

[2] 李君武, 刘佳琪. 三门峡水利枢纽工程 遗产保护与发展路径的实践探索[C]// 三门峡黄河明珠（集团）有限公司. 推动新阶段水利高质量发展全面提升水安全保障能力论文集. 武汉: 长江出版社, 2023: 111-118.

[3] 许天阳. 三门峡水利枢纽多目标优化调度的研究及应用[D]. 郑州: 华北水利水电大学, 2017.

[4] 李旭东, 李力翔, 张末. 内蒙古黄河防凌工程调度措施及建议[J]. 中国防汛抗旱, 2015, 25（6）: 14-16.

[5] 张瑛楠. 综合利用水利枢纽工程后评价研究[D]. 保定: 华北电力大学, 2015.

[6] 姜海萍, 徐林, 闭小棉, 等. 大藤峡水利枢纽库区水资源保护规划布局与策略研究[J]. 水资源保护, 2023, 39（3）: 156-161+221.

[7] 周晓青, 易阳, 汪峻峰, 等. 新疆大石峡水利枢纽混凝土碱-硅酸反应抑制研究[J]. 硅酸盐通报, 2023, 42（2）: 448-453.

[8] 苑希民, 练继亮, 刘业森. 重大防汛应急决策三维电子沙盘关键技术及应用[M]. 北京: 中国水利水电出版社, 2019.

[9] 范向前, 刘决丁, 葛菲, 等. 某水利枢纽工程混凝土力学性能对比研究[J]. 水利水运工程学报, 2023（2）: 129-137.

[10] 董占地. 黄河上游宁蒙河段水沙变化及河道的响应[M]. 北京: 中国水利水

电出版社，2017.

[11] 游智翔，胡晓阳. 浅谈小浪底水利枢纽安全生产监管[J]. 人民黄河，2023，45（S2）：118-119.

[12] 董宇，孙振勇，秦蕾蕾，等. 向家坝水利枢纽近坝段通航水域近年冲淤特性分析[J]. 水运工程，2023（8）：85-89+175.

[13] 冯久成，胡文郑，张锁成. 黄河碛口、古贤水利枢纽工程开发次序综合模糊评判[J]. 人民黄河，2001，23（8）：43-45.

[14] 林秀山. 小浪底水利枢纽的设计思想及设计特点[J]. 人民黄河，1995，17（6）：1-6.

[15] 董清，刘光亮. 治黄保运大局下的王家营减水坝及相关问题探析[J]. 中国农史，2024，43（2）：120-130.

[16] LIU Y B, WU Y, LIU S J, et al. Material strategies for ice accretion prevention and easy removal[J]. ACS materials letters, 2022, 4(2): 246-262.

[17] 景来红，万占伟，陈翠霞. 延长小浪底水库拦沙运用年限对黄河防洪保安的重大意义[J]. 人民黄河，2024，46（1）：1-4+24.

[18] INABA H, INADA T, HORIBE A, et al. Preventing agglomeration and growth of ice particles in water with suitable additives[J]. International journal of refrigeration, 2004, 28(1): 20-26.

[19] 党涛，王春华. 浅谈故县水库在黄河 2021 年秋汛防洪体系中的作用[J]. 人民黄河，2023，45（S1）：13-14.

[20] 于显亮，彭杨，李颖曼，等. 黄河上游梯级水库汛期增泄联合调度研究[J]. 人民黄河，2023，45（8）：68-72+78.

[21] 蔡勤学，张树田，屈章彬，等. 黄河大堤河南段白蚁种类及分布调查[J]. 人民黄河，2023，45（5）：148-150+162.

[22] PÉTER Z, FARZANEH M, KISS L I. Assessment of the current intensity for preventing ice accretion on overhead conductors[J]. IEEE transactions on power delivery, 2007, 22(1): 565-574.

[23] ISABELL W K, DURRANT E, MYRER W, et al. The effects of ice massage, ice massage with exercise, and exercise on the prevention and treatment of delayed onset muscle soreness[J]. Journal of athletic training, 1992, 27(3): 208.

[24] BRODER J, MEHROTRA A, TINTINALLI J. Injuries from the 2002 North Carolina ice storm, and strategies for prevention[J]. Injury, 2005, 36(1): 21-26.